André May

30 Minuten

Recruiting

Bibliografische Information der Deutschen Nationalbibliothek
Die Deutsche Nationalbibliothek verzeichnet diese Publikation in der Deutschen Nationalbibliografie; detaillierte bibliografische Daten sind im Internet über http://dnb.d-nb.de abrufbar.

ISBN 978-3-86936-978-5

Umschlaggestaltung: die imprimatur, Hainburg
Umschlagkonzept: Martin Zech Design, Bremen
Lektorat: Eva Gößwein, Berlin
Autorenfoto: Felikss Francer, München
Satz: Zerosoft, Timisoara (Rumänien)
Druck und Verarbeitung: Salzland Druck, Staßfurt

Wir drucken in Deutschland.

www.gabal-verlag.de
www.twitter.com/gabalbuecher
www.facebook.com/Gabalbuecher

PEFC
PEFC/04-31-2251

PEFC zertifiziert
Dieses Produkt stammt aus nachhaltig bewirtschafteten Wäldern und kontrollierten Quellen.

www.pefc.de

In 30 Minuten wissen Sie mehr!

Dieses Buch ist so konzipiert, dass Sie in kurzer Zeit prägnante und fundierte Informationen aufnehmen können. Mithilfe eines Leitsystems werden Sie durch das Buch geführt. Es erlaubt Ihnen, innerhalb Ihres persönlichen Zeitkontingents (von 10 bis 30 Minuten) das Wesentliche zu erfassen.

Kurze Lesezeit

In 30 Minuten können Sie das ganze Buch lesen. Wenn Sie weniger Zeit haben, lesen Sie gezielt nur die Stellen, die für Sie wichtige Informationen beinhalten.

- Alle wichtigen Informationen sind blau gedruckt.

- Schlüsselfragen mit Seitenverweisen zu Beginn eines jeden Kapitels erlauben eine schnelle Orientierung: Sie blättern direkt auf die Seite, die Ihre Wissenslücke schließt.

- *Zahlreiche Zusammenfassungen innerhalb der Kapitel erlauben das schnelle Querlesen.*

- Ein Fast Reader am Ende des Buches fasst alle wichtigen Aspekte zusammen.

- Ein Register erleichtert das Nachschlagen.

Inhalt

Vorwort

Schauen Sie bei Wikipedia unter dem Begriff Recruiting nach, finden Sie dort folgende Definition: „Personalbeschaffung ist Teil der Personalwirtschaft und befasst sich mit der Deckung eines zuvor definierten Personalbedarfs." Übersetzt heißt Recruiting also Mitarbeitergewinnung. Eine einfache Erläuterung, hinter der sich jedoch eine Vielzahl an Stolperfallen verbergen kann. Gerade in Zeiten des demografischen Wandels, der Digitalisierung und des zunehmenden Fachkräftemangels ist die Mitarbeitergewinnung zu einer echten Herausforderung geworden. Die Jahre, in denen man eine Anzeige in einer Printzeitung schalten konnte und körbeweise Bewerbungen erhielt, liegen schon lange hinter uns.

Das vorliegende Buch zeigt Ihnen, mit welchen Strategien Sie trotz der schwierigen Bedingungen die besten Mitarbeiter, Top-Verkäufer und wahren Talente für sich und Ihr Unternehmen gewinnen können.

Die eigene Erfahrung hat mich gelehrt, dass man sich etwas einfallen lassen muss, um die fähigsten Leute in ausreichender Zahl einstellen zu können. So stand ich bei meinem Antritt als Vertriebsführungskraft in einer deutschen Großbank damals selbst unter dem Druck, die besten Mitarbeiter ins Team holen zu wollen. Als erfahrener und erfolgreicher Verkäufer habe ich dabei schnell erkannt, dass konventionelle Strategien immer schlechter funktionieren und Recruiting, genau wie das

Verkaufen selbst, ein Quotengeschäft ist. Warum also nicht die Erfolgsrezepte der Top-Verkäufer auf das Recruiting anwenden? Egal ob Sie Human-Resources-Mitarbeiter, Struktur-Vertriebler, Personalleiter, Vertriebsführungskraft oder Geschäftsführer sind: Recruiter müssen zu Verkäufern werden, wenn sie in der heutigen Zeit die besten Mitarbeiter gewinnen wollen.
Natürlich verlangt diese Sichtweise von vielen HR-Mitarbeitern ein neues Rollenverständnis. Um sich dieser Herausforderung stellen zu können, gibt Ihnen dieses Buch viele Hinweise und Tipps, wie Sie die besten Mitarbeiter finden. Top-Leute gibt es nämlich oft mehr, als Sie denken. Das Problem ist nur, dass sie in anderen Unternehmen beschäftigt sind. Genau hier liegt die größte Herausforderung im Recruiting.
Es geht um Sichtbarkeit und darum, dass möglichst viele Menschen erfahren, dass Sie auf der Suche nach Mitarbeitern sind. Dabei ist es nicht relevant, ob Sie eine möglichst hohe Bewerberzahl generieren. Wichtiger ist es, bereits im Vorfeld sogenannte Luftnummern auszuschließen. Diese kosten schließlich nur Zeit und Geld. Stattdessen bekommen Sie genau das, was Sie wollen: die Top-Mitarbeiter für Ihr Unternehmen.

Viel Erfolg und Spaß beim Recruiting wünscht Ihnen
Ihr André May

30 MINUTEN

1. Was sich geändert hat

Ihre Kenntnis über das Leben und die Vorstellungen des idealen Mitarbeiters trägt maßgeblich zum Recruiting-Erfolg bei. Welche Kommunikationsmittel brauchen Sie, um Ihre zukünftigen Top-Mitarbeiter zu erreichen? Auf welchen Kanälen müssen Sie als Unternehmen präsent sein, um an Attraktivität für eine Generation Y oder Z zu gewinnen? Wie wichtig sind Social Media und Co. für ein erfolgreiches Recruiting? All diese Fragen lassen sich nur beantworten, wenn Sie Ihre Zielgruppe wirklich kennen.

Deshalb ist es unumgänglich, sich mit den Veränderungen, die der Wandel und die Digitalisierung mit sich bringen, auseinanderzusetzen. Nur so können aus Herausforderungen Chancen werden. Die folgenden Kapitel erläutern die Ausgangslage für Ihr zukünftiges Recruiting-Konzept.

1.1 Neue Generationen gehen an den Start

Die Generationen, die aktuell am Arbeitsmarkt vertreten sind, werden in vier unterschiedliche Altersklassen eingeteilt: Die Generation Babyboomer wird abgelöst von der Generation X, woraufhin sich die Generation Y anschließt, die jüngst von der Generation Z ergänzt wird. Diese Einteilung versucht, die unterschiedlichen Generationen durch Nennung verschiedener Hauptmerkmale und typischer Eigenschaften voneinander zu unterscheiden.
Natürlich lassen sich Generationen nicht streng nach Geburtsjahrgängen abgrenzen. Schließlich entwickelt sich jedes Individuum eigenständig. Dennoch lassen sich signifikante Unterschiede zwischen den einzelnen Generationen feststellen.

Generation Babyboomer

Die Generation der Babyboomer, das heißt die Generation der geburtenstarken Jahrgänge von 1946 bis 1964, hat den Begriff „Workaholic" geprägt. Die heute ungefähr 50- bis 70-Jährigen haben zum großen Teil die Arbeit in den Mittelpunkt ihres Lebens gestellt. Das bedeutet, dass der Job bei dieser Generation einen extrem hohen Stellenwert besitzt.
Die Rahmenbedingungen für Beruf und Alltag, durch die diese Generation geprägt wurde, unterschieden sich deutlich von den heutigen Bedingungen. So war

und ist zum Beispiel das Kommunikationsmittel Nummer eins der Menschen dieser Generation das gute alte Telefon.

Generation X

Zur sogenannten Generation X gehören all diejenigen, die zwischen 1965 und 1979 geboren wurden. Sie gelten als ambitioniert, sie sind sehr gut ausgebildet und auch durchaus ehrgeizig.
Während die Babyboomer jedoch noch „leben, um zu arbeiten", lautet das Motto der Generation X: „Arbeiten, um zu leben." Diese Generation legt erheblichen Wert auf eine ausgeglichene Work-Life-Balance. Die bevorzugten Kommunikationsmedien, die die Generation X geprägt haben, sind bereits der E-Mail-Verkehr und das Mobiltelefon.

Generation Y

Die Generation Y umfasst die Jahrgänge der von 1980 bis 1993 Geborenen. Die Hauptkommunikationsmedien der Generation Y sind digital, sie fühlt sich im Internet zu Hause. Der Name „Generation Y" beinhaltet, wenn er englisch ausgesprochen wird, auch einen Gleichklang mit dem englischen Wort „Why", und das „Warum" steht wie kein anderer Begriff für diese Generation. Die Menschen der Generation Y fragen immer wieder nach dem Warum und suchen einen Sinn in ihrer Tätigkeit. Mitunter ist es ihnen sehr wichtig, sich mit dem Unternehmen und der Tätigkeit zu identifizieren. Sie sind aber auch

durchaus bereit, mehr zu leisten, wenn sie einen Sinn in ihrer Arbeit sehen.
Bei der Generation Y werden Arbeit und Privatleben außerdem nicht mehr so strikt getrennt wie bei früheren Generationen, sondern verschmelzen zunehmend. Das bedeutet, dass es selbstverständlich ist, auch in der Freizeit zu arbeiten und während der Arbeit private Dinge zu erledigen.
Für Unternehmen ist es von entscheidender Bedeutung, sich auf diese noch recht junge Generation einzustellen, da schon in wenigen Jahren der demografische Wandel einen noch größeren Fachkräftemangel nach sich ziehen wird als der bereits jetzt deutlich spürbare. Deshalb gilt es, gerade bei dieser Generation die richtige Ansprache zu finden, um die Besten der Besten an Bord zu holen. Und das funktioniert eben auch über die eigene „Strahlkraft".
Das Ansehen des Unternehmens und die Glaubwürdigkeit der Führungskräfte spielen, wie bereits angedeutet, für die Vertreter der Generation Y eine ganz erhebliche Rolle. Eine Identifikation dieser jungen Mitarbeiter mit ihrem Arbeitgeber funktioniert aber nur, wenn Sie als Unternehmen ein entsprechendes Image vorweisen können. Wie Sie dieses Image erreichen, können Sie in späteren Kapiteln nachlesen.

Generation Z

Zu den jüngsten potenziellen Mitarbeitern zählen die Menschen der Generation Z. Die nach 1994 Geborenen

sind von Kindesbeinen an mit digitalen Technologien aufgewachsen, weshalb man sie auch als Digital Natives bezeichnen kann.
Da diese Generation gerade erst am Arbeitsmarkt gestartet ist, ist es noch nicht möglich, exakte Aussagen über ihre Wünsche und Vorstellungen zu treffen. Welche Ausprägungen sie haben, wird sich noch zeigen, die Ansprache aber gelingt wohl ebenfalls eher über die digitalen Kanäle. Deutlich wird außerdem, dass die Vertreter dieser Generation wieder stärker zwischen Privat- und Berufsleben trennen als die Vorgängergeneration.

Ein X von einem Y unterscheiden

Warum ist es für Arbeitgeber von enormer Wichtigkeit, die unterschiedlichen Merkmale der verschiedenen Generationen zu kennen?
Das ist leicht zu erklären: Wenn man die unterschiedlichen Generationen für sich und sein Unternehmen begeistern möchte, müssen diese auch auf entsprechende Weise angesprochen werden. Genauer gesagt müssen die typischen Vertreter der unterschiedlichen Generationen eben auf unterschiedliche Arten „getriggert" werden. Und zwar so, wie es ihren Vorstellungen entspricht.
Während die eine Generation sich selbst verwirklichen möchte und auf einen hohen Wohlfühlfaktor bei der Arbeit Wert legt, ist die andere Generation vielleicht deutlich mehr durch ihr Interesse an Geld und Status

geprägt. Die Kenntnis dieser Unterschiede ist wichtig, um die eigenen Mitarbeiter zu motivieren – und natürlich auch von großer Bedeutung für das erfolgreiche Triggern von Fachkräften.

Die richtigen Kanäle auswählen

Die Möglichkeiten, die eigene Zielgruppe anzusprechen, sind mannigfaltig. So suchen die vier unterschiedlichen Generationen auf verschiedenen Kanälen nach neuen Jobs. Deshalb sollte die Ansprache in den einzelnen Medien auf die entsprechende Generation mit ihren Zielen und Werten ausgerichtet werden.

Hier sind wir dann beim wichtigen Thema Social Media und Co. Die Digitalisierung schreitet schließlich immer weiter voran, und zwar in allen erdenklichen Bereichen, auch in der Arbeitswelt. Dabei ist es egal, ob es sich um ein kleines, ein mittelständisches oder ein großes Unternehmen handelt, die zentrale Frage, die alle Recruiter bewegt, lautet: Wo befindet sich meine Zielgruppe und wie erreiche ich sie?

Die Wege, um sich nach einem neuen Job umzusehen, beschränken sich nicht bloß auf einen einzigen Kanal. Bewerber haben heutzutage eine Vielzahl an Möglichkeiten zur Verfügung, wenn sie nach einem neuen Job suchen. So gibt es zum Beispiel eine riesige Auswahl an verschiedenen Jobportalen wie etwa StepStone, Monster.de oder Indeed.

Darüber hinaus suchen viele Bewerber mittlerweile auch bei Facebook, Xing, Instagram und Co. nach geeigneten Stellen. Die Vielfalt der Medien, auf denen auch Ihr Unternehmen präsent sein muss, ist also dementsprechend groß. Für einen Recruiter sollte das aber kein Grund sein, sich überfordert zu fühlen oder gar die Flinte ins Korn zu werfen. Lesen Sie dazu einfach die anschließenden Kapitel, um das für Sie geeignete Recruiting-Konzept zu erstellen.

Um die zukünftigen Top-Mitarbeiter anzusprechen, ist es wichtig, sich mit den unterschiedlichen Merkmalen der verschiedenen Generationen auseinanderzusetzen. Wenn eine Zielgruppe ausgemacht wurde, sollte auch auf optimale Ansprache auf den entsprechenden Kanälen geachtet werden.

1.2 Die Digitalisierung schreitet voran

Social Media sind ein wichtiges Instrument für das erfolgreiche Recruiting. Das ist bereits heute eine Tatsache. Warum das so ist?
Die Digitalisierung schreitet eben nicht nur voran, wie oft betont wird, sondern sie ist in vielen Bereichen des Alltags, ob Beruf oder Privatleben, bereits nicht mehr wegzudenken. Der Blick ins Internet und der Kontakt mit Chatbots, über WhatsApp oder Facebook gehört zum modernen Leben dazu wie die automatische Ein-

parkhilfe oder der Streaming-Dienst. Keine Frage, dass die Digitalisierung nicht nur unsere Art zu leben und zu arbeiten erheblich verändert, sondern auch ein erfolgreiches Recruiting beeinflusst.

Die Folgen der digitalen Revolution

Genau wie vor vielen Jahrzehnten einmal die industrielle Revolution für grundlegende Veränderungen in der Arbeitswelt gesorgt hat, wird auch die digitale Revolution einiges verändern. Die Arbeitswelt wird sich umgestalten und während dieses Prozesses werden Aus- und Weiterbildung der Arbeitnehmer eine entscheidende Rolle spielen. Hinzu kommt heutzutage aber auch, dass die zunehmende Automatisierung und Digitalisierung neue und höherwertige Arbeitsplätze schaffen wird.

Die bekannten Berufsbilder verändern sich

Meine Eltern haben mir vor vielen Jahren einmal gesagt: „Junge, werde doch Bankkaufmann, dann hast du einen Job, der solide ist, und du brauchst dir nicht mehr viele Gedanken machen." Im Jahr 1994 war dies auch ein ziemlich guter Rat. Damals galt: Wenn du Bankkaufmann geworden bist, dann hast du in der Wahrnehmung der anderen einen sicheren Job und fast so etwas wie einen Beamtenstatus.

Im Zuge der Veränderungen, die sich durch verschiedene Bedingungen ergeben, ist der Job eines Bankkaufmanns nun eben keine sichere Sache mehr. Ebenso

geht es übrigens vielen anderen Berufen, die einmal als sicher galten.
Die Zeiten, in denen man fest auf einem Stuhl sitzt, sind lange vorbei. So ist anzunehmen, dass in den kommenden Jahren jeder zweite heutige Job in Folge der Digitalisierung verschwinden wird. Bekannte Berufe wird es dann nicht mehr geben. Dafür entstehen wieder neue Berufsbilder.

Weiterbildung fördern und fordern

Nicht nur für den Arbeitnehmer bedeutet die Veränderung der Berufsbilder, dass er am Ball bleiben muss. Durch die Digitalisierung ist die Weiterbildung auch ein wichtiger Erfolgsfaktor für Unternehmen geworden. Das Wissen um Neuerungen, seien es moderne Betriebssysteme, Technologien der Industrie 4.0 oder Möglichkeiten des Internet of Things, kann heute und in Zukunft entscheidend im Kampf gegen die Konkurrenz sein. Top-Mitarbeiter bleiben daher nur so gut, wie ihre Möglichkeiten zur Weiterbildung es zulassen.
Die Bereitschaft des Personals, sich kontinuierlich weiterzuentwickeln, gehört deshalb zu den Grundvoraussetzungen, um im digitalen Zeitalter weiterhin erfolgreich arbeiten zu können. Im Gegenzug müssen Unternehmen dieses lebenslange Lernen überhaupt erst möglich machen und natürlich auch fördern. Auch dies sollte unbedingt innerhalb des Recruiting-Prozesses berücksichtigt werden.

30 *Durch die Veränderungen der digitalen Welt verändern sich auch Berufsbilder und Prozesse. Alte Berufsbilder fallen im Zuge der Digitalisierung weg und neue entstehen. Die stetige Weiterbildung zu fordern und zu fördern, sollte daher selbstverständlich für jeden Arbeitgeber sein.*

1.3 Der demografische Wandel ist da

Unsere demografischen Gegebenheiten ändern sich. Bereits seit 1972 ist die Sterberate in Deutschland höher als die Geburtenrate. Neben der Tatsache, dass weniger Menschen geboren werden als in früheren Zeiten, gibt es einen weiteren Faktor, der sich entscheidend auf diesen Wandel auswirkt: Die Menschen werden immer älter.

Eigentlich ist dieser Umstand ja auch seit vielen, vielen Jahren bekannt und man hat lange über den demografischen Wandel diskutiert und debattiert. Nun aber gilt es, zu handeln. Denn die Auswirkungen des demografischen Wandels sind nun deutlicher zu spüren als noch vor ein paar Jahren.

Die geburtenstarken Jahrgänge scheiden derzeit nach und nach aus dem Erwerbsleben aus. Laut einer aktuellen Studie des Bundesministeriums für Arbeit und Soziales wird die Zahl der Erwerbspersonen daher um 2,9 Millionen auf 40,8 Millionen Erwerbspersonen sinken.

Das ist eine ganz schön hohe Zahl. Wer also im Moment noch denkt, dass die Lage derzeit schon angespannt ist, der wird in den nächsten Jahren feststellen, dass immer weniger Bewerber für freie Arbeitsplätze infrage kommen.

Allein bis 2030 könnte sich die Zahl der fehlenden Facharbeiter auf bis zu drei Millionen belaufen. Dies geht aus einer Studie des Basler Forschungsinstituts Prognos hervor.

Gutes Employer Branding wirkt wie ein Magnet

Zusammenfassend bedeutet der demografische Wandel für Unternehmer das Folgende: Top-Talente, die Know-how, Innovationskraft und Leistung bringen, werden in der Zukunft noch härter umkämpft sein. Auf viele freie Stellen kommen weniger Bewerber und natürlich noch weniger Top-Bewerber.

Für das Recruiting wiederum bedeuten diese dramatischen Zahlen, dass man deutlich mehr wissen muss über die Menschen, die für die vakanten Stellen infrage kommen, und mehr dafür tun muss, um diese Menschen auch zu erreichen. Es braucht die bereits erwähnte Kenntnis der Zielgruppe und die richtige Ansprache, hinzu kommt aber noch mehr. Man benötigt ein besseres Employer Branding, das dafür sorgt, dass man als Arbeitgeber in jeder Hinsicht ein positives Bild abgibt.

Ein gutes Arbeitgeber-Image kann im Kampf um die besten Mitarbeiter nämlich oft das Zünglein an der

Waage sein. Man sollte die magnetische Wirkung eines positiven Images daher nicht unterschätzen. Schließlich sind es die Arbeitnehmer, die sich am Ende entscheiden können. Keine Frage, dass sie bei einem Unternehmen, das einen guten Ruf als Arbeitgeber besitzt, lieber arbeiten als bei einem Unternehmen mit einem weniger guten Image.

Damit ein Unternehmen auch als Arbeitgebermarke gut aufgestellt ist, sind gewisse Employer-Branding-Maßnahmen deshalb unumgänglich in einem Recruiting-Mix, der erfolgreich sein soll.

30 ***Die Lage am Arbeitsmarkt wird sich auf dramatische Weise verändern. Auf viele vakante Stellen kommen nur wenige Fachkräfte, die man nur durch eine umsichtige Recruiting-Strategie gewinnen kann.***

- ***Man braucht ein sicheres System, um das vorhandene Personal zu halten und die besten Mitarbeiter am Markt zu finden und zu akquirieren.***
- ***Dazu ist es wichtig, seine Zielgruppe zu kennen, um die richtige Ansprache für eben diese Menschen zu finden.***
- ***Social Media und Co. sind ein bedeutender Aspekt im Recruiting. Beziehen Sie Plattformen wie Xing oder Facebook mit ein.***
- ***Die Digitalisierung verändert den Arbeitsalltag. Neue Berufsbilder entstehen und bestehende***

Berufe werden vor neue Herausforderungen gestellt. Weiterbildung ist daher sowohl für Arbeitnehmer als auch für Arbeitgeber sehr wichtig.

- ***Das positive Employer Branding entscheidet mit, ob der beste Mitarbeiter sich für Ihr Unternehmen entscheidet oder nicht. Sorgen Sie daher immer für ein „strahlendes" Image als Arbeitgeber.***

30 MINUTEN

2. Die richtigen Mitarbeiter rekrutieren

Dass erfolgreiches Recruiting mehr bedeutet als das bloße Schalten einer Anzeige, wissen Sie nun. Um ein Unternehmen erfolgreich führen zu können, brauchen Sie aber nun mal die Besten der Besten. Und um diese für Sie und Ihr Unternehmen zu gewinnen, brauchen Sie in Zeiten des demografischen Wandels eine umfassende Recruiting-Strategie. Diese beinhaltet zum einen die richtige Ansprache, zum anderen die Kreation eines Employer Brandings, das Strahlkraft entwickelt. Außerdem sollte sich die direkte Ansprache auch durchaus an den Strategien von erfolgreichen Top-Verkäufern orientieren.

2.1 Rekrutieren heißt Verkaufen

Wenn es darum geht, der Konkurrenz die wenigen Top-Mitarbeiter, die der Arbeitsmarkt hergibt, vor der Nase wegzuschnappen, bedeutet Recruiting auch Verkaufen. Was aber heißt das im spezifischen Fall der Mitarbeitergewinnung?

Den Verkaufstrichter fürs Recruiting nutzen

Wenn Sie heute ein Verkaufstraining besuchen, lernen Sie früher oder später in diesem Training den sogenannten Verkaufstrichter kennen. Die Hauptaussagen dieses Instruments eines jeden Verkäufers lauten wie folgt:

- Je mehr Aktivität Sie in diesen Trichter reinstecken, umso mehr Kundenkontakte generieren Sie.
- Je mehr Kundenkontakte Sie haben, umso größer ist die Wahrscheinlichkeit, dass Sie ein Geschäft machen.

Bezogen auf eine erfolgreiche Recruiting-Strategie verhält es sich ganz genauso:

- Je mehr Kandidaten Sie in Ihrem Recruiting-Trichter haben, umso größer ist die Wahrscheinlichkeit, dass Sie den für Sie richtigen Kandidaten einstellen werden.

Aber natürlich gilt auch: Masse ist nicht gleich Klasse. Und je höher die Qualität in dem Trichter, umso höher ist die Qualität der Kandidaten, die am Ende des Recruiting-Prozesses in die engere Wahl kommen. Andersherum bedeutet das: Wenn Sie nur wenige Kandidaten im Recruiting-Trichter haben, wird die Qualität tendenziell eher schlechter sein.

Die Erfahrung hat mich persönlich gelehrt, dass es immer besser ist, aus einer Vielzahl von geeigneten Kandidaten jemanden herauszusuchen, als wenn nur wenige Bewerber zur Auswahl stehen, sodass man aus den wenigen denjenigen heraussuchen muss, der möglichst gut für die Stelle geeignet ist.

Recruiter sind Verkäufer

Neben dem Trichtermodell, das sich ausgezeichnet auf den Prozess der Mitarbeitergewinnung anwenden lässt, besitzen Recruiting und Verkaufen noch eine weitere Gemeinsamkeit: Recruiter sind heutzutage Jobverkäufer.

Ganz konkret bedeutet das für Sie, wenn Sie im Auswahlgespräch erst einmal festgestellt haben, dass ein bestimmter Kandidat gut zu den Anforderungen des Jobs und auch zu Ihrem Unternehmen passen wird, dann müssen Sie ihm den Job verkaufen. Ansonsten kann es Ihnen passieren, dass Ihnen ein Top-Mitarbeiter durch die Lappen geht.

Ihnen geht in so einem Fall vielleicht eine wichtige Innovationskraft und großes Know-how verloren, wenn Sie nicht handeln. Schließlich gibt es viele Bewerber, die sich auf mehrere Stellen bewerben und fünf bis sechs

Bewerbungsgespräche absolvieren. Am Ende haben die Bewerber dann die Qual der Wahl und entscheiden oft auch aus dem Bauch heraus.

Beweggründe für die Job-Entscheidung
Gute Mitarbeiter sind begehrt und werden noch viel begehrter, wenn ihre Zahl sich verringert. Hat ein guter Kandidat gleich mehrere Angebote, entscheidet er sich für ein Unternehmen. Die Fragen, die zu seiner Entscheidung führen, können dann wie folgt aussehen:

- Welche Position hat sich eigentlich am besten angefühlt?
- Bei welchem Unternehmen war der Bewerbungsprozess anders als bei den anderen?

Deshalb habe ich damals in meinem Recruiting-Prozess die fünf As geprägt: Alles anders als alle anderen. Das heißt, sobald ich festgestellt habe, dass der Bewerber für mich und für mein Vertriebsteam infrage kam, bin ich zum Begeisterungsgespräch übergegangen. Das Bewerbungsgespräch funktioniert schließlich in beide Richtungen, wenn es darum geht, richtig gute Mitarbeiter ins Boot zu holen. Also gilt es, sich auch um den Bewerber zu bewerben.
Im Klartext heißt das, ich habe ab diesem Punkt dem Bewerber den Job verkauft. Das bedeutet, dass man die Vorzüge von Unternehmen und Job deutlich hervorhebt, um den Bewerber davon zu überzeugen, am Ende auch die richtige Wahl zu treffen.

Ehrlichkeit schafft Glaubwürdigkeit

Den Kandidaten zu überzeugen, sollte aber nicht damit verwechselt werden, ihm das Blaue vom Himmel zu versprechen. In meinen Recruiting- und Verkaufstrainings sage ich immer: „Wir sind ehrliche Verkäufer. Wir sagen am Ende den Bewerbern nur das, was auch wirklich stimmt." Und glauben Sie mir, ich weiß, wovon ich spreche, denn ich komme aus der Finanzdienstleistungsbranche und dort ist es nach meiner Erfahrung häufig so, dass viele Dinge versprochen werden, die am Ende nicht eingehalten werden. Das geht jedoch irgendwann auf Kosten der Glaubwürdigkeit, und ein kluger Job-Kandidat erkennt auch schnell, dass dies nicht seriös ist.

Recruiter sind heute also in einer komplett anderen Rolle, als sie es noch vor einigen Jahren waren. Auch wenn auf der Visitenkarte womöglich noch dieselbe Stellenbezeichnung steht, sieht der Arbeitsalltag des Recruiters heute grundlegend anders aus.

Wenn es mehr Jobs als Top-Kandidaten gibt, müssen Sie als Recruiter den Job auch verkaufen können. Wichtig ist es zunächst, möglichst viele Kandidaten zu finden und einzuladen. Haben Sie einen guten potenziellen Mitarbeiter ausgemacht, müssen Sie ihm diesen Job auch schmackhaft machen. Dabei gilt, „alles anders als alle anderen" machen und trotzdem ehrlich bleiben. 30

2.2 Vom „Post and pray" zur aktiven Ansprache

Früher hat man freie Stellen mit dem Post-and-pray-Prinzip besetzt. Das heißt, man hat ein oder zwei Anzeigen in einer lokalen oder überregionalen Zeitung geschaltet und danach konnte man nur dafür beten, dass am Ende genug Bewerbungen reinkamen. Diese Methode funktionierte über Jahrzehnte hinweg, und zwar richtig gut.

In der heutigen Zeit, in der wir in weiten Teilen einen Bewerbermarkt haben und die Bewerber sich ihre Stellen aussuchen können, funktioniert dieses System allerdings nicht mehr. Zudem gehen die Auflagen der gedruckten Zeitungen stetig zurück, stattdessen hat sich eine Vielzahl an weiteren neuen Kanälen für die Jobsuche aufgetan.

Ein Schlüssel zum Recruiting-Erfolg liegt daher heute darin, die Passivität, die sich in dem Post-and-pray-Prinzip ausdrückt, hinter sich zu lassen. Anstatt abzuwarten, ob sich ein Top-Mitarbeiter bei Ihnen meldet, gehen Sie besser aktiv auf Ihren Wunschkandidaten zu.

Aktives Recruiting betreiben

Betreiben Sie aktives Recruiting, um geeignete Bewerber zu finden! Damit wären wir übrigens wieder bei den Gemeinsamkeiten zwischen Recruiting und Verkaufen, denn ein aktives Recruiting ist nichts anderes als ein erlernbares Handwerk, das, wenn es gut gemacht wird, in vielen Facetten an einen erfolgreichen Verkaufsprozess erinnert.

Denken Sie mal an einen Autoverkäufer, der einen Kunden für den neuen Sportwagen finden will. Dieser Verkäufer muss sich aktiv um Kunden bemühen. Auch beim Recruiting geht es letztlich um nichts anderes als darum, eine konkrete Position an den Mann oder die Frau zu bringen. Genau wie beim Autoverkauf stehen auch beim Recruiting die geeigneten Bewerber in den allerwenigsten Fällen bereits vor der Tür Schlange.

Vielmehr ist es in den meisten Branchen so, dass es sehr viel weniger geeignete Bewerber als ausgeschriebene Positionen auf dem Markt gibt. Was macht also in dem Fall unser Autoverkäufer? Wird er eine Anzeige für das neue Sportwagen-Modell in die Zeitung setzen und einfach mal abwarten, ob jemand kommt? Sicher nicht. Zumindest nicht, wenn er ein guter Verkäufer sein will.

Der richtige Mix macht's

Ein guter und umsichtiger Verkäufer wird niemals herumsitzen und warten. Er wird stattdessen den Markt aktiv bearbeiten. Dazu wird er zunächst die potenziellen Kunden ausfindig machen und sie persönlich anschreiben. Überdies wird er vielleicht eine geeignete Sponsoring-Maßnahme ins Leben rufen. Oder er wird ein Event planen. Er wird sich um Werbung für seinen Laden und die Modelle bemühen.

Die Quintessenz daraus lautet: Der gute und umsichtige Verkäufer geht viele verschiedene Wege. Und genauso verhält es sich auch im Recruiting. Modernes Recruiting wird nur dann wirklich gut funktionieren, wenn der Recruiting-Mix in den verschiedenen Kanälen stimmig ist.

Neue Top-Mitarbeiter finden

Der erste Schritt, den auch der Autoverkäufer geht, besteht natürlich darin, die Antwort auf die Frage zu finden: Wo finde ich meine Zielgruppe? In unserem speziellen Fall bedeutet das:

- Wo finde ich meine zukünftigen Mitarbeiter, Verkäufer, Talente oder Networker?
- Wo suchen die Menschen, die ich erreichen will, nach einem neuen Job?
- Wie kann ich mich bei meinen potenziellen First-Class-Mitarbeitern als Arbeitgeber optimal präsentieren?

Wenn wir uns den Bewerbermarkt anschauen, dann gleicht er einem Eisberg. Was bedeutet das konkret und wie teilt sich der Eisberg auf?

- Ungefähr 15 Prozent der unzufriedenen Menschen, die einen neuen Job suchen, sind aktiv auf der Suche. Das heißt, sie informieren sich auf Stellenbörsen, sie surfen im Internet oder sie schauen sich in sozialen Netzwerken gezielt nach einem neuen Job um. Sie sind aktiv.

- 85 Prozent der Menschen, die unzufrieden sind mit ihrer momentanen Situation, die sich auch gerne verändern würden, suchen nicht.

Die zweite Gruppe der Unzufriedenen und damit potenziellen Bewerber für einen neuen Job ist verhaftet in dem zähesten Klebstoff, den es auf der Welt gibt: Das ist die Gewohnheit. Grundsätzlich würden diese Arbeitnehmer einen neuen Job gerne annehmen, aber sie sind einfach zu sehr von der Gewohnheit eingenommen. Sie befinden sich tief in der Komfortzone, sie befürchten, sich schlechter zu stellen, wenn sie einen neuen Job antreten würden, oder ihre Sicherheit zu verlieren. Oder sie sind einfach zu bequem, um sich einen neuen Job zu suchen.

Unterschiedliche Wege der Ansprache

Attraktiv sind beide Zielgruppen, sowohl die aktiv Suchenden als auch die Passiven. In beiden Gruppen gibt es schließlich tolle Leute, die Ihnen und Ihrem Unternehmen mit ihrer Erfahrung und ihrer Kreativität wichtige Dienste leisten können. Die unterschiedlichen Kandidaten aber, sowohl die Aktiven als auch Passiven, müssen natürlich auch unterschiedlich angesprochen werden.

Bei den Passiven funktionieren andere Recruiting-Instrumente als bei den Aktiven. Bei denjenigen, die nicht aktiv auf der Suche sind, die aber unzufrieden sind mit ihrem Job, ist zum Beispiel die Direktansprache sinnvoll. Das heißt, man spricht diese Kandidaten direkt an, telefonisch oder eben persönlich. Das werde ich in nachfolgenden Kapiteln beim Thema „Active Sourcing" noch ausführlicher erläutern.

Ein weiterer Weg, diese Kandidaten zu erreichen, ist das Prinzip „Mitarbeiter werben Mitarbeiter". Natürlich spielen auch Social-Media-Kanäle eine zentrale Rolle, wenn es darum geht, die passiven Kandidaten anzusprechen.

Insgesamt ist es also wichtig, den richtigen Recruiting-Mix im Bereich der Ansprache zusammenzustellen. Die einzelnen Möglichkeiten erschließen sich aus der Frage, ob man mit den konkreten Maßnahmen vor allem die aktiven Kandidaten oder die passiven Kandidaten ansprechen will. Aus diesem Grund ist es wichtig, zu wissen, in welcher Zielgruppe sich die eigenen Wunschkandidaten befinden.

30 *Einfach Anzeigen schalten und abwarten? Das reicht heutzutage definitiv nicht mehr aus. Sie müssen Ihre Kandidaten aktiv suchen und ansprechen. Social-Media-Kanäle oder auch eine Aktion aus dem Bereich „Mitarbeiter werben Mitarbeiter" können helfen, sowohl aktiv suchende als auch passive Kandidaten, die zwar unzufrieden sind, aber aus verschiedenen Gründen eine aktive Suche meiden, anzusprechen.*

2.3 So entwickelt Ihr Unternehmen Strahlkraft

Ein mächtiges Instrument, mit dessen Einsatz Ihr Unternehmen eine große Strahlkraft am Bewerbermarkt entwickelt, ist das sogenannte Employer Branding.
Letztendlich heißt das nichts anderes, als dass Ihr Unternehmen eine Arbeitgebermarke im besten Sinne werden muss. Die Marke muss mit einem positiven Image assoziiert werden, wenn Sie gute Leute rekrutieren wollen. Wenn ich in Vorträgen und Seminaren unterwegs bin, übersetze ich Employer Branding daher immer so: „Das Employer Branding ist das, was Menschen über Ihre Firma sagen, wenn Sie als Vorgesetzter oder Geschäftsführer nicht im Raum sind.“ Und das sollte nach Möglichkeit natürlich etwas Positives sein!

Die positive Arbeitgebermarke aufbauen

Eine wirklich positive Arbeitgebermarke entwickelt sich dann, wenn Ihr Fremdbild mit Ihrem Selbstbild übereinstimmt.
Zur Ausführung des Selbstbilds Ihres Unternehmens schreiben Sie zum Beispiel auf Ihrer Homepage: „Wir sind ein innovatives Unternehmen, das geprägt ist von gegenseitiger Hilfe und einem konstruktiven Miteinander.“ Das klingt gut. Aber stimmt das auch mit dem überein, was Ihre Mitarbeiter empfinden?
Das Fremdbild erfahren Sie oft zum Beispiel auf Arbeitgeberplattformen, die im Internet zu finden sind. Eben-

so erfahren Sie in sozialen Netzwerken, wo zum Beispiel Mitarbeiter Ihr Unternehmen bewerten, wie sich Selbstbild und Fremdbild zueinander verhalten. Und wenn Ihnen dort zum Beispiel ausgeschiedene Mitarbeiter oder aktuelle Mitarbeiter tatsächlich attestieren, dass Sie ein innovatives Unternehmen sind, das den Teamgedanken hochhält und generell ein gutes Miteinander pflegt, dann passen Selbstbild und Fremdbild zusammen.

Wenn Selbstbild und Fremdbild übereinstimmen

Genau aus dieser Übereinstimmung von Fremdbild und Selbstbild entwickelt sich eine gute Arbeitgebermarke. Man kann sogar sagen: eine Arbeitgebermarke mit Strahlkraft. Und wenn Sie diese Arbeitgebermarke haben, werden Sie feststellen, dass Sie einen Sog am Bewerbermarkt auslösen.
Das heißt, dass Ihre positive Sichtbarkeit als Arbeitgeber dafür sorgt, dass Menschen auch von selbst auf Sie zukommen werden. Sie als Unternehmen und Sie als Chef werden dann immer auch eine gute Auswahl an geeigneten Bewerbern haben, weil Sie eine gute Reputation besitzen und am Markt als gute Arbeitgebermarke aufgestellt sind.

Grundsätze des Employer Brandings

Da jede Handlung Spuren hinterlässt und auf Ihre Arbeitgebermarke einwirkt, ist es wichtig, immer eine klare Employer-Branding-Strategie zu verfolgen. Hierzu müssen Sie sich zunächst einmal die folgenden Fragen beantworten:

- Was wollen Sie ausstrahlen?
- Welchen Leistungsgedanken pflegen Sie in Ihrem Unternehmen?
- Welche Leute möchten Sie damit anziehen?

Und aus diesem Selbstbild heraus leiten Sie schließlich auch Ihre Recruiting-Kommunikation bzw. Ihre Verkaufsstrategie ab. Im Einzelnen heißt das, dass die Antworten auf die oben genannten Fragen auch in den Formulierungen bei Ihrer Bewerbersuche Ausdruck finden. Die Art, wie Ihre Texte gestaltet sind oder Ihre Stellenanzeigen formuliert werden, sollte zu Ihrem Selbstbild passen.

Es kommt auf das Gesamtbild an!
Eine gelungene Employer-Branding-Strategie umfasst auch Details. Wichtig sind zum Beispiel die folgenden Fragen:

- Was genau posten Sie auf den Social-Media-Kanälen?
- Welche Fotos benutzen Sie?
- Wie schreiben Sie Ihre E-Mails?

Alles zusammen sollte bei einem gelungenen Employer Branding ein stimmiges Gesamtbild abgeben.

Authentizität ist wichtig

Auch wenn Sie Ihr Image als Unternehmen und Arbeitgeber kontinuierlich beeinflussen können, passiert das nicht in Echtzeit. Sie können die gewünschte Auswirkung nicht auf die Schnelle erreichen. Ihre Arbeitgebermarke entwickelt sich eher mittel- bis langfristig. Jedes Signal, das Ihr Unternehmen aussendet, ist ein weiteres Puzzlestück für das Fremdbild, das draußen entsteht. Und wenn Sie Ihr Fremdbild selbst mitgestalten wollen, ist es wichtig, dass Sie zu hundert Prozent authentisch bleiben. Nur auf diese Weise kann sich das Selbstbild überhaupt zu einem passenden Fremdbild entwickeln. Ich selbst habe in der Praxis häufig erlebt, dass Unternehmen ein Wunschbild nach außen geben, das sich nicht lange halten lässt. Denn wenn Sie beispielsweise Ihren kooperativen Führungsstil anpreisen, hinter den Kulissen jedoch ein autoritärer Ton herrscht, dann fällt Ihr schönes Arbeitgebermarkenkartenhaus ganz schnell zusammen. Denn diese Diskrepanz können Sie nicht lange geheim halten. Zumindest nicht mehr in Zeiten, in denen sich Mitarbeiter in Social-Media-Kanälen und auf Internet-Plattformen über potenzielle Arbeitgeber informieren bzw. über ihre Erfahrungen berichten.

30 ***Das erfolgreiche Recruiting basiert auf ähnlichen Strategien wie das erfolgreiche Verkaufen. Schließlich gilt es, die besten Leute für das Unternehmen zu finden. Dies gelingt nicht mehr, indem man Anzeigen schaltet und abwartet.***

- ***Stattdessen ist heute eine aktive Ansprache wichtig.***
- ***Unterscheiden muss man dabei zwischen aktiven und passiven Kandidaten.***

Ein positives Employer Branding ist ebenfalls von großer Bedeutung, um genügend Strahlkraft zu entwickeln, die gute Mitarbeiter anzieht. Diese ergibt sich aus der Übereinstimmung von Selbstbild und Fremdbild.
Wichtig dabei ist Ihre Authentizität. Nur so werden sich qualifizierte Leute für Ihr Unternehmen entscheiden.

30 MINUTEN

Wieso sind Empfehlungen von Mitarbeitern besonders wertvoll?
Seite 40

Wie kann die Direktansprache gelingen?
Seite 45

Wie funktioniert Social-Media-Recruiting?
Seite 54

3. Die fünf erfolgreichsten Recruiting-Instrumente

Da draußen gibt es genau die Mitarbeiter, die Sie suchen. Das Problem ist, dass diese Top-Leute gerade im Moment noch nicht bei Ihnen arbeiten. Schlimmer noch: Diese qualifizierten und fähigen Arbeitskräfte wissen vielleicht nicht einmal, dass es Sie gibt oder dass Sie freie Stellen zu besetzen haben.

Genau deswegen brauchen Sie geeignete Recruiting-Instrumente, mit deren Hilfe Sie Ihre Reichweite erhöhen. Sie brauchen Mittel und Wege, mit denen Sie Ihre Message in den Markt bringen und die Bewerber anziehen, die Sie brauchen.

3.1 Mitarbeiter werben Mitarbeiter

Dieses Recruiting-Instrument sollte Ihnen viel bedeuten, und zwar aus einem einfachen Grund: Mitarbeiterempfehlungsprogramme bringen in der Regel sehr, sehr starke Kandidaten.

Warum ist das so? Das kann man soziodemografisch erklären: Menschen bewegen sich fast immer in den gleichen Kreisen, umgeben sich also mit anderen Menschen, die ihnen ähneln.

In meinen Seminaren frage ich ganz häufig: „Wer von Ihnen ist Fußballfan?“ Und natürlich zeigen viele Hände nach oben. Dann spreche ich die Seminarteilnehmer einzeln an und frage sie: „Sagen Sie, wie viele Fußballfans kennen Sie?“ Und natürlich kennen Fußballfans eben auch ganz viele andere Fußballfans. Ähnlich verhält es sich übrigens bei Haustieren: Haustierbesitzer kennen ganz viele andere Haustierbesitzer.

Und wenn Sie diese Beobachtung jetzt einmal auf Ihr Unternehmen anwenden, dann wird klar, dass Ihre Top-Mitarbeiter auch andere Top-Mitarbeiter kennen. Das ist eine Tatsache und genau der Grund, warum ich aus diesem Programm, aus diesem Recruiting-Kanal, selbst die besten Mitarbeiter gezogen habe.

Warum Mitarbeiter Empfehlungen aussprechen

Mitarbeiter empfehlen in der Regel aus zwei Motivationen heraus andere Mitarbeiter:

- Der erste Anreiz ist eine monetäre Zuwendung, das

heißt, als Arbeitgeber zahlt man demjenigen eine „Kopfprämie", der einen guten und passenden Mitarbeiter empfiehlt.

- Der zweite Anreiz ist Wertschätzung.

Kommen wir aber zunächst zur Prämie. Ich erinnere mich noch gut an mein erstes Mitarbeiterempfehlungsprogramm. Ich war damals als junge Vertriebsführungskraft in Bonn beschäftigt. Mein Programm zum Recruiting neuer Mitarbeiter sah vor, dass derjenige, der einen guten Verkäufer empfiehlt, insgesamt 6000 Euro für seine Empfehlung erhalten sollte. 3000 Euro würde das Unternehmen direkt bei Einstellung des neuen Verkäufers ausschütten und weitere 3000 Euro sollte der Mitarbeiter erhalten, nachdem der neue Verkäufer ein Jahr in der Firma beschäftigt sein würde.

Kosten, die sich rentieren werden

Ich habe dieses besondere Incentive-Programm damals auf meinem Team-Meeting vorgestellt. Und schon nach einer Woche rief mich ein Mitarbeiter an und sagte zu mir: „Herr May, Ich habe hier jemanden."
Vor mir stand wenig später ein junger, dynamischer Verkäufer, der mir tatsächlich sehr geeignet erschien. Ich habe diesen Menschen schließlich eingestellt. Und wissen Sie was? Der junge Mann hat sich zum besten Verkäufer in meinem Team entwickelt. Jetzt wird der eine oder andere vielleicht sagen: „6000 Euro ist aber sehr, sehr viel Geld für einen Verkäufer!"

Absolut gesehen sind 6000 Euro natürlich eine stolze Summe für eine Empfehlung. Doch wenn Sie die Kosten dagegenhalten, die Sie aufwenden müssten, wenn Sie einen Kandidaten beispielsweise mit einem Headhunter suchen, dann relativiert sich die Summe sehr schnell wieder.

Warum Wertschätzung wichtig ist

Der zweite Grund, warum Mitarbeiter andere Mitarbeiter empfehlen, ist Wertschätzung. Wenn Sie eine Empfehlung annehmen, zeigt das dem Empfehlungsgeber, also in diesem Fall Ihrem Mitarbeiter, dass seine Stimme Gewicht hat. Es bedeutet für ihn, dass sein Arbeitgeber seinem Rat vertraut.

Indem Sie also in Ihrem Unternehmen ein Mitarbeiterempfehlungsprogramm aufsetzen, zollen Sie Ihren eigenen Mitarbeitern Anerkennung. Genau das wirkt sich übrigens auch wieder positiv auf Ihr Employer Branding aus. Empfiehlt Ihnen ein Mitarbeiter einen neuen Mitarbeiter und der Deal ist für das Unternehmen erfolgreich, dann fühlt sich der Mitarbeiter außerdem noch stärker an das Unternehmen gebunden. Schließlich hat er selbst wesentlich zu dem Vorankommen des Unternehmens beigetragen.

Durch diese Wertschätzung erhöht sich unmittelbar auch die Loyalität zum Unternehmen.

Welche Probleme kann es geben?

Natürlich müssen manchmal auch Hürden aus dem Weg geräumt werden. So habe ich es zum Beispiel schon häufig erlebt, dass Bestandsmitarbeiter davor zurückschrecken, einen zusätzlichen Kollegen an Bord zu holen, weil sie Nachteile für sich selbst und ihre eigene Position befürchten.

Eine Angst kann zum Beispiel darin bestehen, dass man fürchtet, dass sich der eigene Kundenbestand durch den neuen Kollegen verkleinert oder dass die Empfehlung negativ auf einen selbst zurückfällt, wenn der Mitarbeiter vielleicht zeitnah die Firma wieder verlässt. In meiner langjährigen Praxis im Vertrieb und im Recruiting haben sich diese Ängste alle als völlig unbegründet herausgestellt. Am Ende haben alle Mitarbeiter sehr viel mehr Geld verdient, und Empfehlungen, die letztlich doch nicht zu einem guten und dauerhaften Arbeitsverhältnis geführt haben, wurden nie dem Empfehlungsgeber zur Last gelegt.

Mitunter sollte dies aber eben auch an die Mitarbeiter kommuniziert werden, um derartige Befürchtungen im Vorfeld bereits aus dem Weg zu räumen.

Was Sie tun können

Sie können aber noch mehr tun, um erfolgreiches Recruiting durch Mitarbeiterempfehlungen zu betreiben. Vier Punkte sorgen für ein erfolgreiches Mitarbeiterempfehlungsprogramm:

1. Thematisieren Sie dieses Programm regelmäßig.

Die Erfahrung hat gezeigt, dass es nicht ausreicht, wenn man ein Programm einmal ins Rollen bringt. Regelmäßige Kommunikation mit den Mitarbeitern ist ein wesentlicher Erfolgsfaktor. Vor allem ist es wichtig, dass man mit den Mitarbeitern immer wieder ins Gespräch geht und sie auch im Einzelgespräch auf Empfehlungen anspricht. Das klingt dann beispielsweise so: „Sagen Sie, wen können Sie mir denn noch empfehlen aus Ihrem Freundes- und Bekanntenkreis?"

2. Nutzen Sie das Potenzial der sozialen Medien.
Wenn Sie Ihren Mitarbeitern das Mitarbeiterprogramm vorgestellt haben, fragen Sie doch einfach mal nach, ob der ein oder andere Mitarbeiter nicht auch mal eine Stellenanzeige in seinem eigenem Facebook- oder Instagram-Profil veröffentlichen würde. Natürlich kann man niemanden dazu zwingen, das zu tun, aber viele Mitarbeiter sind dazu bereit. All die Bewerbungen, die dann über diesen Mitarbeiter reinkommen, nehmen natürlich dann auch am Programm teil.

3. Zahlen Sie Prämien so früh wie möglich aus.
Wenn ein Mitarbeiter einen anderen empfohlen hat und dieser tatsächlich eingestellt wird, also sobald die Bedingungen für die Prämie erfüllt sind, dann sollte die Prämie auch schnellstmöglich ausgezahlt werden. Dadurch erhöht sich die Wahrscheinlichkeit, dass der Mitarbeiter vielleicht noch eine weitere Empfehlung ausspricht.

4. Gestalten Sie den Ablauf so einfach wie möglich.
Veranlassen Sie keine komplizierten Prozesse und bau-

en Sie keine großen Hürden auf. Wenn Ihr Mitarbeiter der Meinung ist, dass eine bestimmte Person gut zur Firma passt, sollten Sie diesen Menschen einladen und einfach mal ein Gespräch führen.

Freuen Sie sich auf gute Empfehlungen!
Wenn Sie diese Punkte beherzigen, werden Sie sehen, dass Sie über diesen Recruiting-Kanal in den allermeisten Fällen nur gute Kandidaten finden werden. Das liegt auch daran, dass sich Ihre Mitarbeiter wahrscheinlich sehr, sehr genau überlegen werden, wen sie Ihnen vorstellen.

30

Das Recruiting über die eigenen Mitarbeiter birgt viele Vorteile. Jeder Mitarbeiter kennt andere fähige Kandidaten, die er aber nur nach reiflicher Überlegung empfiehlt. Dafür erfährt er Wertschätzung, und eine gute Prämie, die er für eine erfolgreiche Empfehlung erhält, ist ein zusätzlicher Motivationsschub.

3.2 Die Direktansprache (Active Sourcing)

Der aktivste Ansatz, um neue und interessante Kandidaten kennenzulernen, ist die Direktansprache. Ein großer Vorteil des sogenannten Active Sourcing ist es, dass Sie den anderen, den Kandidaten also, direkt sehen und dadurch vielleicht schon einen ersten Eindruck davon bekommen, ob diese Person gut zu Ihnen passt.

Direkte Ansprache kann immer erfolgen

Ich war vor einigen Jahren im Weihnachtsgeschäft unterwegs in einem großen Einkaufszentrum in Oberhausen. Wie das im vorweihnachtlichen Trubel so ist, stand ich zusammen mit vielen anderen Menschen in einer Parfümerie an, um zu bezahlen. Ich stand also am Ende der Schlange und beobachtete die Dame, die an der Kasse die oft genervten Kunden mit einer Freundlichkeit bediente, die ich bis dahin noch nicht gesehen hatte.

Und während ich in der Schlange stand und die Verkäuferin beobachtete, wuchs in mir der Gedanke: „Mein Gott, du suchst doch eigentlich eine Dame, die vorne bei dir die Kunden in Empfang nimmt. Und diese überaus freundliche Verkäuferin würde perfekt passen!"

Natürlich blieb es nicht bei diesem Gedanken, sonst wäre es ja auch schade gewesen um diese Chance. An der Kasse angekommen sagte ich zu der Dame: „Ich habe gerade beobachtet, wie freundlich Sie mit den Menschen hier umgegangen sind, und genau das suche ich im Moment bei mir am Empfang. Und ich habe eine herausragende Position zu besetzen."

Ich fragte sie also, ob sie Interesse hätte, abseits ihres Jobs einfach mal darüber zu sprechen. Die Verkäuferin antwortete: „Ja klar, sehr, sehr gerne."

Diese besagte Dame aus meiner kleinen Geschichte arbeitet inzwischen schon seit drei Jahren bei mir am

Empfang. Und was soll ich Ihnen sagen? Ich bin hochzufrieden. Genau das, was ich damals an ihrem Umgang mit Kunden beobachten konnte und was mir so wichtig war, praktiziert sie heute eben mit meinen Kunden.
Die direkte Ansprache kann also auch erfolgen, wenn man jemanden sieht, beobachtet oder entdeckt, dessen Arbeitsleistung einem zusagt. Dahinter steckt der Gedanke, dass jemand, der in einem anderen Unternehmen gut performt oder outperformt (also die Erwartungen übertrifft), auch in Ihrem Unternehmen in der Regel deutlich outperformen wird.

Drahtlos oder per Mail

Viele Wege führen nach Rom und mindestens ebenso viele ins Herz der geeigneten Kandidaten. Bei der Direktansprache ist es nämlich völlig unerheblich, auf welche Weise der Kontakt aufgenommen wird: ob Sie telefonisch den Kontakt suchen, in den Social Media eine Nachricht schicken, eine E-Mail schreiben oder eine Person persönlich ansprechen, so wie ich damals, also von Angesicht zu Angesicht.

Rechtliche Vorgaben beachten!
Allerdings ist es wichtig, dass Sie auf die gesetzlichen Rahmenbedingungen achten, wenn Sie auf Menschen telefonisch oder per E-Mail zugehen. Hier sollten Sie sich vorher informieren, damit Sie eine rechtlich einwandfreie Vorgehensweise wählen können.

Ihnen muss es gut gehen

Beim Active Sourcing ist Ihr eigenes Befinden wichtig. Wenn Sie in die Direktansprache starten, sollte dies zu einem Zeitpunkt geschehen, an dem Sie selbst sich gut fühlen. Falls das nicht der Fall ist, bringen Sie sich mit Musik, oder was auch immer Ihnen guttut, in einen guten Zustand.

Warum brauchen Sie einen guten Zustand? Ganz einfach: Menschen folgen Energie. Und wenn Sie eine energetische Persönlichkeit sind oder sich gerade in einem energetischen Zustand befinden, dann ist die Wahrscheinlichkeit, dass der von Ihnen angesprochene Wunschkandidat sich auf das Gespräch einlässt, deutlich höher, als wenn Sie keine Energie haben und im übertragenen Sinne eine Schlaftablette sind.

Die Aufmerksamkeitsspanne Ihres Gegenübers beläuft sich in der Regel auf sechs bis neun Sekunden. In dieser Zeit müssen Sie Ihrem Gegenüber Ihr Unternehmen und sich selbst als Persönlichkeit vorgestellt haben, und zwar so, dass der andere neugierig darauf geworden ist und Sie und Ihr Anliegen näher kennenlernen möchte.

Sie bieten etwas an

Das Mindset bei der Direktansprache lässt sich folgendermaßen auf den Punkt bringen: Seien Sie Bieter und nicht Bittsteller!

Wenn Sie auf den anderen zugehen und sich dabei als Bittsteller fühlen, wird der andere diese Ansprache als deutlich unattraktiver empfinden, als wenn Sie sich als Bieter fühlen. Gehen Sie daher als Bieter auf den Kandidaten zu – nach dem Motto: „Ich biete dir Chancen, ich biete dir Perspektive, ich biete dir eine Führungskraft, die sich um dich kümmert!" Dies wird sich sofort positiv auf die Wahrnehmung übertragen. Und wenn Sie all diese Dinge transportieren, ist die Wahrscheinlichkeit höher, dass der Wunschkandidat am Ende Ja sagt.

Sie brauchen sich selbst nichts vorwerfen

Ein weiterer wichtiger Bestandteil des richtigen Mindsets für die Direktansprache lautet: Sie können dem Richtigen nichts Falsches sagen und dem Falschen nichts Richtiges. Das heißt, wenn der andere am Ende nicht möchte, dann möchte er einfach nicht. Aus welchen Gründen auch immer. Sie aber haben dann nichts falsch gemacht, es ist eben einfach so. Das ist wichtig, denn dieses Mindset brauchen Sie, um dann immer wieder auf den nächsten Kandidaten zugehen zu können.

Oft höre ich auch in meinen Seminaren den folgenden Einwand: „Ich tue mich schwer damit, auf andere Menschen zuzugehen." Auch hier kann jeder an sich arbeiten. Sei es durch Übungen, durch Autosuggestion oder durch spezifische Trainings, die darauf abzielen, Ängste abzubauen. Es gibt zum Beispiel eine geniale Vier-Tage-Übung, die ich selbst in meinem Seminar schule und die bei der Direktansprache hilft. Derartige Übungen helfen vor allem dabei, seine Scham und seine eigenen

Hemmungen zu verlieren, sodass man selbstbewusst und befreit auf andere zugehen kann.

Die fünf wichtigsten Punkte der Direktansprache
Diese fünf Punkte sollten Sie bei der Direktansprache beachten, wenn Sie erfolgreich sein wollen:

1. Seien Sie ein Bieter und kein Bittsteller.
2. Sie sollten sich bei der Direktansprache selbst in einem guten Zustand befinden.
3. Der Nutzen und der Mehrwert für den Gesprächspartner müssen sofort klar erkennbar sein.
4. Seien Sie authentisch, denn nur dann sind Sie auch glaubwürdig.
5. Koppeln Sie sich emotional vom Gesprächsergebnis ab. Das ist wichtig, denn so bleiben Sie auch dann, wenn Sie eine Absage erhalten, in einem guten Zustand. Diesen brauchen Sie, um auf den nächsten Kandidaten zugehen zu können.

30 *Die direkte Ansprache eines geeigneten Kandidaten ist ein gutes Mittel beim Recruiting, weil Sie dann die Person vor Augen haben und direkt einschätzen können. Wichtig ist, dass Sie bei der Ansprache auf einige Dinge achten: Strahlen Sie selbst eine positive Energie aus und kommen Sie sofort zum Punkt. So wecken Sie das Interesse des potenziellen Mitarbeiters.*

3.3 Die Karriere-Seite

Durch Ihre Recruiting-Aktivitäten werden Sie sichtbar am Markt. Dadurch wiederum werden auch die passenden Kandidaten auf Sie aufmerksam. Dies hat zur Folge, dass sich Menschen mit Ihnen als Arbeitgeber beschäftigen und früher oder später auf Ihrer Website landen werden.

Gut sichtbar und nicht versteckt halten

Ihre Website ist also eine Art Landing-Page für Bewerber. Wenn ein Bewerber auf Ihre Website kommt, ist es von entscheidender Bedeutung, dass er Ihre Karriere-Seite dort auch sofort findet. Meine Empfehlung ist es daher, die Karriere-Seite direkt im Hauptmenü anzusiedeln und nicht, wie es viele Arbeitgeber machen, in irgendeinem Drop-down-Menü oder ganz unten auf der Seite.

Fakt ist nämlich: Je sichtbarer die Karriere-Seite ist, umso größer ist die Wahrscheinlichkeit, dass der potenzielle Kandidat diese auch findet und sich schließlich bei Ihrem Unternehmen bewirbt. Da ein Großteil der Bewerber mittlerweile mit Smartphone oder Tablet auf Jobsuche geht, ist es übrigens auch sehr wichtig, dass die Seite für mobile Endgeräte optimiert ist (Stichwort: Responsive Design).

Was Bewerber wissen wollen

Bewerber, die auf Ihre Karriere-Seite kommen, interessieren sich in der Regel für drei Dinge:

1. Was macht Sie als Arbeitgeber oder was macht Sie als Chef aus und wofür stehen Sie mit Ihrem Unternehmen?
2. Welche offenen Positionen gibt es bei Ihnen?
3. Wer ist Ansprechpartner für Bewerber und wie kann man mit der Firma in Kontakt treten?

Aufbau und Funktionen der Seite

Die folgenden vier Punkte sollten Sie beim Aufbau Ihrer Karriere-Seite beachten, damit die Seite erfolgreich ist:

1. Struktur

Sie brauchen eine klare Struktur. Die Texte sollten ohne Floskeln auskommen und keine 08/15-Textbausteine enthalten.

2. Ansprechpartner

Es sollte einen persönlichen Ansprechpartner für die Bewerber geben, der auf der Seite mit Bild und wenn möglich mit einer Telefonnummer angegeben wird. Mit „Bild" ist kein sogenanntes Stockfoto gemeint, also keines der Bilder, die Sie im Internet kaufen können. Vielmehr sollten Sie auf der Seite einen Ansprechpartner zeigen, den es auch wirklich gibt und der bei Ihnen für die Bewerbungen zuständig ist.

3. Upload-Funktion

Es muss eine Upload-Funktion für PDF-Dateien gegeben sein. So haben Kandidaten, die ihre Bewerbung einfach nur hochladen wollen, die Möglichkeit, eben diese Upload-Funktion zu nutzen. Das vereinfacht die Bewerbung. Alternativ zur Upload-Funktion gibt es auch eine sogenannte One-Klick-Bewerbung. Bei dieser Variante klicken Bewerber auf ein Kontaktformular und können dort alle notwendigen Informationen eingeben.

4. Zeitnahes Feedback

Stellen Sie sicher, dass Bewerber, die Ihre Karriere-Seite nutzen, mit sehr kurzen Feedback-Zeiten rechnen können. Das ist wichtig, denn in dem Moment, in dem sich jemand bewirbt, hat er auch ein starkes Interesse an der Position. Das kann aber nach einer Woche schon wieder ganz anders aussehen. Vielleicht ist er dann mit Ihrem Konkurrenten oder Mitbewerber im Gespräch.

Das bedeutet, wenn sich jemand bei Ihnen bewirbt, dann braucht dieser Mensch eine Rückmeldung innerhalb der nächsten 24 oder 48 Stunden. Diese Rückmeldung kann auch nur eine Eingangsbestätigung sein. Es gibt zwar unterschiedliche Studien zum Thema Eingangsbestätigung, doch alle bestätigen die Tatsache, dass Menschen, die eine Eingangsbestätigung erhalten haben, den Bewerberprozess deutlich positiver erleben als diejenigen, die keine Eingangsbestätigung erhalten haben.

Mein Tipp ist daher: Machen Sie es sich zur Regel, dass alle, die sich bei Ihnen bewerben, innerhalb der nächsten 24 Stunden eine Eingangsbestätigung per Mail bekommen.

Datenschutz nicht vergessen!
Natürlich gilt auch bei der Karriere-Seite, dass Sie unbedingt auf geltendes Recht und insbesondere auf Datenschutzrichtlinien achten sollten.

30 *Mit einer gut auffindbaren Karriere-Seite erreichen Sie potenzielle Bewerber. Auf der Seite sollte ein persönlicher Ansprechpartner zu finden sein und es sollte eine Upload-Funktion für Bewerbungen geben. Stellen Sie außerdem sicher, dass Bewerber nach kurzer Zeit ein Feedback erhalten, damit sie nicht das Interesse verlieren.*

3.4 Social-Media-Recruiting

Social Media sind nicht wegzudenken aus dem Recruiting-Mix, genau wie sie aus dem Leben vieler Ihrer potenziellen Kandidaten nicht wegzudenken sind. Gerade für die Generationen Z und Y, also die Millennials, die zwischen 1980 und 1999 geboren wurden, gehören Instagram, Facebook und Co. zum Alltag. Viele informieren sich auf diesen Seiten oder pflegen Kontakte.

Social Media sinnvoll nutzen

Als Arbeitgeber sollten Sie deshalb auf allen gängigen Social-Media-Plattformen zu finden sein. Die Profile, die Sie dort erstellen und die dafür sorgen, dass Sie gefunden werden, sind in der Regel kostenlos. Sorgen Sie daher unbedingt für eine Präsenz Ihres Unternehmens. Die wichtigsten Plattformen, auf denen Sie als Arbeitgeber vertreten sein müssen, sind:

- **Google My Business:** Die Nutzung von Google My Business ist kostenlos und Sie können ein Unternehmensprofil mit Bild, Text, Öffnungszeiten und einer Wegbeschreibung erstellen. Überdies haben Ihre Kunden dort die Möglichkeit, Ihre Produkte oder Dienstleistungen zu bewerten.
- **Facebook:** Die zweite Social-Media-Plattform, auf der Sie präsent sein sollten, ist Facebook. Auch dort können Sie eine kostenlose Firmenseite erstellen. Auf dieser Seite können Sie sich dann als attraktiver Arbeitgeber darstellen und sich richtig in Szene setzen.
- **Instagram:** Das Gleiche gilt für die Plattform Instagram. Bauen Sie eine Seite auf und stellen Sie in regelmäßigen Abständen Fotos und kurze News ein. Aus Followern können auch hier neue Top-Mitarbeiter werden.
- **LinkedIn:** LinkedIn gilt als Business-Variante von Facebook und ist mit seinen inzwischen 600 Millionen Nutzern weltweit eine wichtige Plattform für den Bewerbermarkt. Hier stellen sich Unternehmen

und Fachkräfte vor, es werden wichtige Geschäftskontakte geknüpft und Jobs vergeben.

- **Xing:** Natürlich ist auch Xing, das deutsche Pendant zum internationalen Netzwerk LinkedIn, als seriöse Plattform für die Arbeitswelt von großer Bedeutung. Hier können Sie ebenfalls neue Jobs anbieten, selbst Kontakte knüpfen oder geeignete Kandidaten suchen und ansprechen.

Nützliche Zusatzfunktionen

Neben der Möglichkeit, sich als Arbeitgeber auf den Social-Media-Plattformen zu präsentieren, bieten Ihnen einige Websites auch Funktionen, um Bewerber zu selektieren. Das geht eben zum Beispiel bei Xing. Dort können Premium-Mitglieder die erweiterte Suche nutzen. Die Premium-Mitgliedschaft kostet zwar, das kann sich aber mitunter lohnen. Innerhalb dieser erweiterten Suche können Sie zum Beispiel die Position „heute“ und „vorher“, das Unternehmen „heute“ oder „vorher“, das gewünschte Tätigkeitsfeld, den Ort oder auch Sparten wie „Ich biete“, die Branche, eine Postleitzahl oder „Ich suche“ befüllen. Es stehen Ihnen also zahlreiche Suchfelder zur Verfügung und damit auch unterschiedliche Kriterien, die Sie für Ihre Suche nach Kandidaten heranziehen können.

Profile sorgsam erstellen

Berücksichtigen Sie immer, dass das Profil, das Sie einstellen, Ihrem Bewerber gefallen muss. Gleichzeitig kann es natürlich auch darauf abzielen, Ihren Kunden zu gefallen, wenn Sie zum Beispiel über Xing auf Kundenakquise gehen. Aus diesem Grund sollten Sie immer die Bewerber- bzw. die Kundenbrille aufsetzen, wenn Sie ein neues Profil kreieren.

Gruppen und Anzeigen nutzen

Bei einigen Plattformen haben Sie außerdem noch zwei weitere Möglichkeiten, mit potenziellen Bewerbern in Kontakt zu treten: die Nutzung von Gruppen und das Schalten von Anzeigen. Hier sollen diese Optionen am Beispiel von Facebook beschrieben werden.

1. Gruppen nutzen

Sie können in Facebook-Gruppen, die zum Beispiel den Schwerpunkt Personal haben und vielleicht einer konkreten, für Sie relevanten Stadt zugeordnet sind, eine Stellenanzeige kostenlos veröffentlichen. Oft sind in diesen Facebook-Gruppen mehrere Zehntausend potenzielle Kandidaten, die dann Ihre Anzeige sehen werden. Natürlich werden diese Kandidaten sich dann sofort auf Ihrer Facebook-Seite umsehen. Achten Sie daher auf Ihr positives und sorgsam gepflegtes Profil. Sonst könnte Ihnen ein Top-Kandidat durch die Lappen gehen.

2. Anzeigen schalten

Bei Facebook können Sie außerdem Werbeanzeigen schalten. Und diese Anzeigen können Sie äußerst genau „targetieren“. Das heißt, Sie können die Zielgruppe, die diese Anzeigen sehen wird, genau auswählen und eingrenzen, indem Sie die bestehenden Einstellungen hierfür nutzen. Mögliche Zielgruppeneinstellungen sind zum Beispiel „Alter“, „Ort“, „Interessen“ oder auch „Hobbys“. Des Weiteren können Sie zum Beispiel danach suchen, welche Firmenseiten der mögliche Kandidat bereits gelikt hat. Das kann beim Schalten von Anzeigen sehr hilfreich sein, um Kandidaten mit passenden Interessengebieten oder Wissensgebieten anzusprechen. Sie können sich auch daran orientieren, welche Jobbezeichnung Facebook-Nutzer eingegeben haben.

Durch diese klare Zielfokussierung wird die Anzeige nur einer ganz bestimmten Zielgruppe ausgespielt. Anders zum Beispiel bei einer Stellenanzeige in einer Tageszeitung. Hier sehen zwar viele Menschen die Anzeige, doch darunter sind viele, die für diese Position überhaupt nicht geeignet sind. Facebook-Anzeigen zielen hingegen sehr konkret auf Menschen, die zu der jeweiligen Position passen. Der Streuverlust Ihrer Anzeige ist dadurch sehr gering.

Facebook-Anzeigen als Unternehmenswerbung
Facebook-Anzeigen stellen für Sie darüber hinaus auch eine Möglichkeit dar, Ihre Facebook-Unternehmensseite zu bewerben und für potenzielle Bewerber in den Fokus zu rücken. Ein weiterer Facebook-Vorteil ist, dass durch Liken und Teilen Ihrer Anzeige auch passive Kandidaten erreicht werden können, die unter Umständen diese Anzeige sonst nicht gesehen hätten.

Tipp: Videoanzeige

Wenn Sie eine Facebook-Anzeige aufgeben möchten, rate ich Ihnen zu einer Videoanzeige, weil diese Anzeigenform deutlich besser konvertiert, als das zum Beispiel bei einem Foto oder bei reinem Text der Fall wäre. Beantworten Sie in einem ein- bis dreiminütigen Video die Frage, warum Sie der passende Arbeitgeber sind. Folgende Themen könnten als Antwort dienen:

- Spaß im Team
- Gutes Arbeitsklima
- Flache Hierarchien
- Flexible Arbeitszeiten

Dieses Video muss nicht unbedingt perfekt, sollte aber glaubwürdig sein. Es sollte Einblicke in den Arbeitsalltag geben. Überzeugend und besonders ansprechend kann dabei auch ein kurzes Interview mit den potenziellen zukünftigen Kollegen sein. Auch Bilder oder kurze Szenen vom zukünftigen Arbeitsplatz sind sehr sinnvoll.

Wie Social-Media-Recruiting funktioniert

Es gibt vier Punkte, die Sie beim Social-Media-Recruiting beachten müssen, um Erfolg zu haben:

1. Gehen Sie dorthin, wo Ihre Zielgruppe ist.

Setzen Sie auf die Kanäle, die für Ihre Zielgruppe relevant sind. Schauen Sie sich dazu also an, wo Ihre Zielgruppe unterwegs ist. Suchen Sie zum Beispiel einen neuen Vertriebler, dann könnte Xing einer der Hauptkanäle für Ihr Recruiting sein.

2. Betrachten Sie Ihre Profile durch die Bewerberbrille.

Richten Sie ansprechende Firmenprofile auf den Social-Media-Plattformen ein. Gehen Sie immer von der Perspektive des Bewerbers aus:

- Was möchte ein Bewerber gerne sehen?
- Worüber möchte er sich als Erstes informieren können?

3. Schalten Sie Videoanzeigen bei Facebook.

Bei Facebook können Sie zielgerichtet Anzeigen schalten. Nutzen Sie dort Videoanzeigen. Im Vergleich zu anderen Recruiting-Kanälen ist diese Anzeigenform unschlagbar günstig. Und dadurch, dass sie im Moment noch von wenigen genutzt wird, haben Sie einen klaren Wettbewerbsvorteil. Sie machen dann nämlich mal wieder „alles anders als alle anderen“.

4. Nutzen Sie Facebook-Gruppen.

Nutzen Sie die kostenlosen Facebook-Gruppen für eine bestimmte Stadt oder ein bestimmtes Gebiet, um Ihre Stellenanzeigen zu posten, wenn Sie dort Bewerber generieren wollen.

Mit einem guten Auftritt auf den gängigen Social-Media-Plattformen ziehen Sie potenzielle Bewer-

ber an. Die Seiten sollten Ihr Unternehmen in einem guten Licht darstellen. Außerdem bieten Plattformen wie Xing oder Facebook viele Möglichkeiten, mit geeigneten Kandidaten in Kontakt zu treten oder ihre Aufmerksamkeit zu gewinnen.

3.5 Der Talent-Pool

Der Talent-Pool kann zu einem wahren Fundus für gute Kandidaten für diesen oder jenen Job werden. Auch wenn der Erfolg sich vielleicht erst Monate oder Jahre später zeigt. In jedem Fall ist der Aufbau eines Talent-Pools eine langfristige Angelegenheit. Es lohnt sich aber, sich damit zu befassen.

Wie entsteht dieser Pool?

Wenn Sie richtig in das Recruiting einsteigen, werden Sie dabei natürlich eine Vielzahl an Menschen kennenlernen. Vielleicht sind darunter auch solche, zu denen Sie am Ende des Recruiting-Prozesses sagen: „Nein, funktioniert so nicht. Ich möchte nicht mit dir zusammenarbeiten." Vielleicht treffen Sie auch auf Menschen, die zu Ihnen sagen: „Nein, im Moment kann ich mir die Zusammenarbeit leider nicht vorstellen." Oder: „Nein, im Moment passt eine Zusammenarbeit zeitlich nicht in den Rahmen."
In Ihrem gut gepflegten Talent-Pool fassen Sie all die zusammen, mit denen Sie sich die Zusammenarbeit

grundsätzlich vorstellen können, bei denen es aber zum aktuellen Zeitpunkt nicht klappt. Zum einen fallen diejenigen darunter, bei denen Sie selbst sagen: „Passt im Moment noch nicht, könnte aber vielleicht in der Zukunft passen." Und zum anderen nehmen Sie natürlich die Kandidaten mit auf, die Ihnen eine Absage schicken, die Sie selbst aber gern eingestellt hätten.

All die Menschen schreiben Sie auf eine Liste oder Sie pflegen sie zum Beispiel in eine Excel-Tabelle ein. Wichtig an dieser Stelle: Sie brauchen die schriftliche Erlaubnis der ehemaligen Bewerber, dass Sie ihre Daten speichern und dass Sie wieder Kontakt aufnehmen dürfen.

Bleiben Sie in Kontakt!

Wenn Sie diese Erlaubnis bekommen haben – und in der Regel ist das der Fall –, dann gehen Sie zum Beispiel an Geburtstagen, an Weihnachten oder zu besonderen Anlässen auf die Kandidaten zu und bauen Sie einen positiven Kontakt auf. Gerade wenn Sie in bevölkerungsärmeren Regionen Ihren Firmensitz haben, ist ein gutes Bewerbermanagement dieser Art besonders wichtig.

Bleiben Sie mit den Kandidaten in Kontakt. Bauen Sie eine Beziehung auf. Bauen Sie Vertrauen auf. Und stellen Sie sich immer wieder als positiver, als innovativer und herausragender Arbeitgeber dar.

30

Ein gutes Recruiting basiert auf einem breit aufgestellten Mix an verschiedenen Instrumenten und Kanälen:

- ***Die eigenen Mitarbeiter zählen dazu, da sie selbst gute Leute empfehlen können.***
- ***Es lohnt sich zudem, selbst mit offenen Augen durch die Welt zu gehen. Scheuen Sie sich auch nicht, geeignete potenzielle Mitarbeiter direkt anzusprechen.***
- ***Um Bewerber über alles Wichtige zu informieren und einen positiven Eindruck zu vermitteln, sollten Sie auf der Homepage Ihres Unternehmens eine gut sichtbare Karriere-Seite aufbauen.***
- ***Beim Social-Media-Recruiting kommt es darauf an, auf wichtigen Plattformen wie Facebook oder Xing vertreten zu sein.***
- ***Schließlich sollten Sie ehemalige Kandidaten und Bewerber, bei denen es aus den verschiedensten Gründen nicht für eine Zusammenarbeit gereicht hat, in einem Talent-Pool sammeln.***

30 MINUTEN

4. Recruiting-Instrumente wirksam umsetzen

Da Sie jetzt einen Überblick über mögliche Recruiting-Instrumente haben, sind Sie in der Lage, Ihren individuellen Recruiting-Mix zusammenzustellen. Welcher Kanal passt am besten zu Ihnen und wie können Sie Ihren Wunschkandidaten idealerweise erreichen? Um das herauszufinden, lohnt es sich, die verschiedenen Kanäle einmal zu testen. Dabei bekommen Sie ein Gespür dafür, wie souverän Sie sich selbst in den jeweiligen Kanälen bewegen, und erkennen an der Resonanz, wie Erfolg versprechend dieser oder jener Kanal für Sie ist. Wichtig ist dabei die Kontinuität, mit der Sie den Mix bedienen.

4.1 Recruiting braucht Kontinuität

Meine Empfehlung für erfolgreiches Recruiting lautet, sich nicht nur auf einen Kanal zu beschränken, sondern zeitgleich mehrere Impulse zu setzen. Damit erhöhen Sie nicht nur die Reichweite Ihrer Recruiting-Maßnahmen, sondern es ergeben sich auch wertvolle Synergien, indem sich die Impulse der einzelnen Kanäle gegenseitig verstärken.
Beschränken Sie sich außerdem in der Nutzung der Kanäle nicht allein auf einmalige Aktionen, sondern gestalten Sie die Präsenz auf den verschiedenen Plattformen vielmehr kontinuierlich.

Alles am Laufen halten

Das ist vergleichbar mit einem Artisten, der gleich mehrere Teller auf dünnen Stäben balanciert. Er wirft diese Teller ja nicht einfach nur einmal hoch und lässt die Sache dann von alleine weiterlaufen. Vielmehr rührt er regelmäßig an seinen Stäben, um die Teller längere Zeit am Laufen zu halten.
Beim Recruiting ist das ganz genauso. Und nicht nur das. Schließlich verändern sich unsere Teller auch im Laufe der Zeit. Der eine Teller kommt vielleicht ins straucheln, er läuft einfach nicht mehr so rund, und möglicherweise ist es dann besser, ihn zu ersetzen. Der andere Teller dagegen steigert plötzlich sein Tempo und Sie müssen ordentlich am Stab rühren, um ihn halten zu können. Sie entscheiden dann vielleicht, für eine

gewisse Zeit Ihre gesamte Energie in diesen einen Teller zu stecken.

Performance stets reflektieren!
Reflektieren Sie stets die Performance Ihrer Recruiting-Instrumente und justieren Sie sie gegebenenfalls nach. Recruiting ist ein kontinuierlicher Prozess, der, wenn er einmal gestartet wurde, nie wieder aufhört.

Auf Engpässe reagieren können

Wieso aber reicht es nicht, erst bei Bedarf aktiv zu werden? Um diese Frage zu beantworten, können wir wieder den Vergleich mit einem Artisten heranziehen: Warum ist es eigentlich so schwierig, die Teller stets in der Luft zu halten?

Ganz einfach, weil sie ständig in Bewegung sind. Wenn Sie dies nun auf Ihre Situation als Recruiter übertragen, dann erkennen Sie, dass der Alltag in Ihrem Unternehmen es mit sich bringt, dass sich der Bedarf schwer vorhersehen lässt. Ereignisse und Phasen wie Elternzeit, Krankheit oder private Veränderungen sorgen für eine natürliche und kontinuierliche Fluktuation. Eben deshalb ist die Kontinuität beim Recruiting so wichtig. Hinzu kommen die Wachstumsziele, die sich Ihr Unternehmen gesetzt hat. Wenn Sie sich diese verschiedenen Faktoren ansehen, wird deutlich, wie groß die täglichen Einflüsse auf die gefragte Manpower im Unternehmen sind. Dass vielleicht der Bedarf an neuen Mitarbeitern

sehr hoch ist und vor allem auch ungeplant auftritt, ist ein wichtiger Grund dafür, das Recruiting kontinuierlich zu betreiben.
Überdies gibt es aber noch weitere wichtige Faktoren, die dafür sprechen, das Recruiting zu einem kontinuierlichen Prozess zu erklären – so braucht Recruiting zum Beispiel Zeit.

30 *Recruiting-Instrumente sollten kontinuierlich bedient werden. Diese Kontinuität ist wichtig, damit man im Ernstfall nicht erst wieder die Recruiting-Maschine anwerfen muss, sondern gleich loslegen kann.*

4.2 Recruiting braucht Zeit

Recruiting braucht eine Menge Vorlauf. Wenn Sie heute eine Stellenanzeige schalten, dann haben Sie mit Sicherheit nicht gleich morgen Ihren perfekten Mitarbeiter im Boot.
Von der Schaltung der Anzeige bis zur Einstellung vergehen in der Regel mehrere Wochen. Besser, Sie haben schon vorgesorgt und Ihren Trichter mit guten Kontakten gefüllt, denn genau darum geht es in einem erfolgreichen Recruiting-Prozess. Es geht um einen gut gefüllten Trichter, der am Ende den geeigneten Mitarbeiter hervorbringt. Und zwar nicht nur dann, wenn sich ein konkreter Bedarf abzeichnet, sondern zu jedem Zeitpunkt.

Fangen Sie also an und hören Sie vor allen Dingen nicht mehr auf damit, Ihren Recruiting-Mix zu pflegen. Bedenken Sie: Immer dann, wenn Sie aufhören, gerät der Prozess ins Stocken. Sie kommen aus der Übung und die Routine ist in Gefahr. Vielleicht kennen Sie das vom Joggen: Wenn Sie eine Zeit lang nicht laufen gehen, dann fällt es Ihnen, wenn Sie wieder damit anfangen wollen, umso schwerer, sich aufzuraffen und wieder in den Prozess einzusteigen.
Lassen Sie das im Recruiting-Prozess gar nicht erst zu. Bauen Sie sich stattdessen eine gewisse Routine auf und bleiben Sie dabei. Ihr Recruiting-Prozess muss stets im Fluss bleiben, um auf die im vorherigen Abschnitt erwähnten Ereignisse – Krankheit, Kündigung, Elternzeit etc. – so schnell wie möglich reagieren zu können.

Nichts verpassen!
Wenn Sie im Thema bleiben, kann es Ihnen auch nicht passieren, dass Sie die eine oder andere Marktentwicklung verpassen. Sie bekommen sofort und unmittelbar mit, sobald sich etwas in den einzelnen für Sie relevanten Kanälen verändert, und können sehr zeitnah nachjustieren.

Um in diese wichtige Routine zu gelangen, brauchen Sie feste Ziele, und zwar am besten für jeden einzelnen Arbeitstag. Durch klug formulierte Recruiting-Ziele schaffen Sie sich selbst hilfreiche Strukturen.

30

Ein gutes Recruiting braucht Zeit. Vergessen Sie nicht, dass es nicht sofort Bewerbungen regnet, wenn man eine Anzeige schaltet. Eine gewisse Vorlaufzeit muss einkalkuliert werden, kann aber durch kontinuierliches Recruiting erheblich verkürzt werden.

4.3 Recruiting braucht Strukturen und Ziele

Um die für einen dauerhaften Recruiting-Erfolg so wichtige Kontinuität entstehen zu lassen, können Ihnen bestimmte Strukturen und selbst gesteckte Ziele eine große Hilfe sein.
So wie der Stundenplan den Schultag strukturiert, braucht auch Ihr Recruiting-Tag eine feste Struktur. Diese können Sie sich geben, indem Sie Ihren Tag ganz bewusst planen und sich Ziele setzen.

Recruiting-Routine – ein Beispiel

Im Folgenden sehen Sie an einem Beispiel, wie zukünftig Ihre Recruiting-Routine an einem normalen Arbeitstag aussehen könnte:

1. Netzwerke überprüfen

Morgens bewegen Sie sich eine Stunde lang in sozialen Netzwerken wie zum Beispiel Xing. Sie stellen sicher, dass Ihr Profil noch aktuell ist, und schauen sich die Profile von anderen an.

2. Telefonate führen

Im Anschluss geben Sie sich zwei Stunden Zeit, um Telefonate, beispielsweise mit interessanten Bewerbern, zu führen.

3. Gesprächstermine

Für die Zeit nach der Mittagspause vereinbaren Sie die Termine für die persönlichen Gespräche mit potenziellen Kandidaten.

Aktivitäten-Ziele formulieren

Setzen Sie sich jeden Tag Aktivitäten-Ziele, also Ziele, die konkrete Aktivitäten beinhalten. Das könnte beispielsweise bedeuten, dass Sie sich vornehmen, jeden Tag bei zehn potenziellen neuen Mitarbeitern anzurufen.

Aktivitäten- oder Ergebnisziele?
Inwiefern unterscheiden sich diese beiden Arten von Zielen?

- **Aktivitäten-Ziele** wie die zehn Anrufe pro Tag, die eben als Beispiel genannt wurden, schreiben zunächst nur eine konkrete Anzahl an Handlungen vor. Es geht in diesem Fall noch nicht darum, ob die Anrufe auch zu Gesprächsterminen führen.
- **Ergebnisziele** bearbeiten Sie hingegen so lange, bis Sie ein bestimmtes Ergebnis erreichen. Sie nehmen sich dann zum Beispiel vor, täglich drei neue Zusagen von Kandidaten zu erhalten. Die Anzahl der Telefonate, die nötig sind, um dieses Ziel zu erreichen, ist unter Umständen deutlich höher.

Ziele setzen, aber Frust vermeiden

Aktivitäten-Ziele sind gerade für Recruiter, die in vertrieblicher Hinsicht noch über relativ wenig Erfahrung verfügen, wesentlich besser geeignet als reine Ergebnisziele.

Auch bei einer Direktansprache in einer sehr breiten Zielgruppe empfehlen sich zunächst eher Ziele, die an eine Aktivität geknüpft sind, denn die Wahrscheinlichkeit einer Ablehnung ist hier vergleichsweise hoch. Wäre dann vorab ein Ergebnisziel formuliert worden, könnte dies zu Frust führen. Das sollten Sie auf jeden Fall vermeiden.

Denn ganz egal, ob Sie Ihr Recruiting-Ziel für den Tag als Ergebnisziel oder Aktivitäten-Ziel definieren, wichtig ist, dass Sie in einem guten Zustand und motiviert in der Aktivität bleiben.

30 ***Ein gutes Recruiting funktioniert durch kontinuierliches Engagement. Lassen Sie Ihre einmal angestoßenen Projekte nicht aus den Augen. Dann sind Sie vorbereitet, wenn Sie im Ernstfall, etwa beim Ausfall einer Arbeitskraft, schnell reagieren müssen.***

- ***Schaffen Sie sich dazu eine gewisse Routine. Prüfen und aktualisieren Sie regelmäßig Ihre Karriere-Seite.***
- ***Bewegen Sie sich täglich auf gängigen Plattformen wie Xing oder Facebook, um auf dem Laufenden zu bleiben.***

- ***Stecken Sie sich selbst regelmäßig Aktivitäten-Ziele, mit denen Sie Ihr Recruiting strukturieren.***

Wenn Sie Erfolg haben wollen, ist es generell wichtig, dass Sie das Recruiting mit all seinen Instrumenten als kontinuierlichen Prozess verstehen.

30 MINUTEN

5. Bewerber auswählen und qualifizieren

Geeignete Bewerber auswählen hat nicht allein etwas mit dem richtigen Gespür für Menschen zu tun. Es gibt geeignete Fragen, die gestellt werden können. Anhand der Antworten ergibt sich ein treffendes Bild. Darüber hinaus gibt es weitere Merkmale, auf die Sie als Recruiter achten können, wenn Sie auf der Suche nach neuen Top-Mitarbeitern sind.
Am Ende aber müssen Sie sich selbst bewerben und geeignete Leute für Ihr Unternehmen begeistern.

5.1 Das Anforderungsprofil

Bevor Sie aktiv werden, brauchen Sie ein Anforderungsprofil, in dem Sie festlegen, welche Kompetenzen Ihr Wunschkandidat haben sollte.

Wichtig beim Thema Anforderungsprofil ist folgende Überlegung:

- Je mehr Punkte Sie untereinanderschreiben und je mehr Anforderungen Sie an Ihren Kandidaten stellen, desto weniger Menschen werden sich daraufhin bei Ihrem Unternehmen bewerben.
- Je offener Sie also die Anforderungen formulieren, desto mehr Menschen werden sich angesprochen fühlen.

Warum das so ist? Ganz einfach, weil viele Kandidaten am Ende durch Ihr Raster fallen, wenn Sie hohe Anforderungen stellen.

Letztendlich haben Sie mit einem engen Raster zwar eine geringere Ausbeute, dafür dürfen Sie jedoch mit einer deutlich höheren Qualität rechnen, denn bei denjenigen, die dann Kontakt zu Ihnen aufnehmen, ist die Wahrscheinlichkeit extrem hoch, dass sie gut zu Ihnen passen werden.

30 *Beim Anforderungsprofil gilt: Je mehr Anforderungen Sie stellen und je konkreter diese sind, desto weniger Bewerbungen werden eingehen und desto höher ist deren Qualität bzw. die Passung der Bewerber zur Stelle.*

5.2 Das erste Telefonat

Ihr Trichter ist nun, nachdem Sie das Anforderungsprofil erstellt und den Recruiting-Mix angewendet haben, gut gefüllt. Sie haben eine Menge potenzieller Kandidaten akquiriert und das Ergebnis kann sich sehen lassen. Jetzt geht es darum, aus der generierten Masse an Bewerbern die richtigen Leute für Ihr Unternehmen herauszufiltern.
Das ist die nächste Herausforderung beim Recruiting. Denn natürlich wird Ihr Trichter nicht nur die Goldnuggets erhalten. Es sind mit Sicherheit auch Kandidaten dabei, die entweder nicht das gewünschte Leistungsniveau erbringen können oder charakterlich nicht in Ihr Team passen.

Vor der Selektion das Telefon

Wenn Sie herausfinden wollen, welcher der Kandidaten in Ihrem Trichter das Zeug zum echten Top-Mitarbeiter hat, dann ist der Griff zum Telefon der nächste Schritt.
Im Telefongespräch erkennen Sie schnell, ob es sinnvoll ist oder ob es sich überhaupt lohnen könnte, den Kandidaten zu einem persönlichen Gespräch einzuladen. Stellen Sie zum Beispiel fest, dass Ihr Gesprächspartner antriebslos wirkt oder Ihrer Einschätzung nach die falschen Fragen stellt, dann merken Sie direkt: Es passt nicht. In diesem Fall ist der Kandidat schnell aus dem Rennen.

Wenn Sie jedoch schon am Telefon einen positiven Eindruck von Ihrem Gesprächspartner gewinnen, dann sollten Sie zeitnah einen persönlichen Gesprächstermin vereinbaren.

Tipps für das Telefonat

Das Telefonat können Sie relativ knapp halten, denn alle weiteren Informationen, die Sie für Ihre Entscheidung brauchen, gewinnen Sie ohnehin am besten, wenn Sie der Person gegenübersitzen. Es ergibt also wenig Sinn, am Telefon allzu detaillierte Fragen zu stellen oder längeren Small Talk zu halten. Besser ist es, wenn Sie sich nur schnell einen ersten Eindruck verschaffen und dann Ihre übrige Zeit nutzen, um die nächsten Kandidaten anzurufen.

Es empfiehlt sich auch, am Telefon immer die gleichen drei oder vier bis maximal fünf Fragen zu stellen. Auf diese Weise lassen sich die Ergebnisse der Telefonate mit den verschiedenen Bewerbern im Anschluss besser miteinander vergleichen.

30 *Durch ein Telefonat können Sie einen ersten Eindruck gewinnen, ohne viel Zeit oder viel Aufwand zu investieren. Stellen Sie jedem Kandidaten die gleichen Fragen, können Sie außerdem erste Vergleiche ziehen.*

5.3 Das persönliche Gespräch

Nachdem Sie nun also mit einer Reihe von Bewerbern einen Termin für ein persönliches Gespräch vereinbart haben, geht das Recruiting in die heiße Phase. Der direkte Kontakt von Angesicht zu Angesicht steht an. Was können Sie tun, was müssen Sie fragen und worauf sollten Sie achten?

Worauf es ankommt

Wenn jemand zu Ihnen ins Haus kommt, bedeutet das, dass Sie am Telefon bereits den Eindruck gewonnen haben, der Kandidat könnte gut in Ihr Unternehmen passen. Das ist schon mal die halbe Miete. Doch jetzt geht es darum, den Kandidaten persönlich kennenzulernen.

Wenn Sie als Recruiter das Gespräch mit dem Kandidaten führen, sollte jedoch nicht die Frage im Zentrum stehen, ob Sie selbst einen guten Eindruck von diesem Menschen haben. Klar ist es wichtig, dass Sie beide gut zusammenarbeiten können, und vielleicht auch, dass die Chemie stimmt.

Viel wichtiger ist aber die Frage, ob die Person den Anforderungen entspricht. Wenn zum Beispiel jemand für eine Stelle gesucht wird, die mit Kundenkontakt einhergeht, dann ist es wichtig, dass die Person bei den Kunden Ihres Unternehmens gut ankommt. Wenn ein Kandidat also in das Kundengeschäft einsteigen soll, dann setzen Sie beim Bewerbungsgespräch nicht nur die Recruiter-Brille, sondern auch die Kunden-Brille auf.

Die wichtigsten Fragen
Die beiden wichtigsten Kriterien für das Gespräch sind die folgenden Fragen:
1. Passt der Kandidat gut in Ihr Team?
2. Bringt der Kandidat Ihr Unternehmen voran?

Um herauszufinden, ob ein Kandidat ins Team passt und das Unternehmen voranbringen wird, gibt es ein paar Hilfsmittel, auf die Sie zurückgreifen können.

Der erste Eindruck zählt

Der erste Eindruck ist ja bekanntlich der wichtigste. Das ist eine Faustregel, die jeder kennen sollte. Und natürlich sollte auch Ihr Bewerber wissen, wie wichtig der erste Blick auf ihn sein wird. Daher gilt: Eine Entschuldigung für einen schlechten ersten Eindruck gibt es nicht. So kann beispielsweise unpassende Kleidung für einen schlechten ersten Eindruck sorgen, und es gibt auch noch andere Merkmale, die wichtig sind.
Schauen Sie daher genau hin und achten Sie auf folgende Punkte:

- Welche Körperhaltung hat Ihr Kandidat? Strahlt seine Körperhaltung vielleicht Langeweile aus oder wirkt er interessiert?
- Wirkt der Kandidat gepflegt?
- Vielleicht ist in Ihrer Branche der Kleidungsstil relevant. Ist Ihr Kandidat sich dessen bewusst? Trägt er vielleicht Anzug und Krawatte bzw. einen Hosenanzug oder ein Business-Kleid? Oder erscheint er womöglich unpassend angezogen in Jeans und Sweatshirt?

- Auch Details wie ein Ohrring (bei Männern) können in verschiedenen Branchen ein K.-o.-Kriterium sein.

Verschaffen Sie sich einen möglichst guten Überblick über diese äußerlichen Details, denn sie sind bei einem möglichen zukünftigen Kundenkontakt oft entscheidend für die Reputation Ihres Unternehmens.

Was für ein Mensch sitzt da vor mir?

Der zweite wichtige Punkt nach dem ersten äußerlichen Eindruck: Fragen Sie nach! Finden Sie heraus, wie es eigentlich hinter der Schönwetterfassade aussieht:

- Wer ist der Mensch hinter der Fassade?
- Wie tickt diese Person im Alltag?
- Wie verhält sie sich im Konflikt oder unter Leistungsdruck?

Um Antworten auf diese Fragen zu finden, nehmen Sie den Lebenslauf sehr genau unter die Lupe. Anhand der Daten können Sie weitere Fragen aufbauen:

- Welche Motivation steckt hinter den einzelnen beruflichen Entscheidungen?

Wechselgründe sind besonders wichtig
Hinterfragen Sie vor allem auch die jeweiligen Wechselgründe. Denn eins ist klar: Hatte der Kandidat bereits fünfmal Probleme mit dem Chef, dann wird er auch sehr wahrscheinlich Probleme mit Ihnen bzw. mit dem Chef in seiner neuen Abteilung haben. Und

wenn er den Job häufiger gewechselt hat, weil er stets Ärger mit Kollegen hatte, dann wird es auch mit dem Mitarbeiterkreis in Ihrem Unternehmen, mit seinen neuen Kollegen, aller Wahrscheinlichkeit nach zu Konflikten kommen.

Geschickte Fragen führen zu ehrlichen Antworten

Um mehr herauszufinden und den Kandidaten aus der Reserve zu locken, muss man mitunter geschickt vorgehen. Ich habe zum Beispiel sehr gute Erfahrungen damit gemacht, Fragen über die Bande zu spielen.

Clever fragen – ein Beispiel:
Wenn Sie einen Kandidaten beispielsweise fragen: „Was bringt Sie auf die Palme?", erhalten Sie möglicherweise eine Antwort, die sich der Kandidat zuvor schon perfekt zurechtgelegt hat.
Besser ist es daher, wenn Sie den Bewerber fragen: „Was würde Ihre Freundin oder Ihr Freund sagen, wenn wir sie oder ihn fragen würden, was Sie auf die Palme bringt?"

Niemanden bloßstellen!

Abschließend noch ein wichtiger Hinweis: Im Interview geht es nie darum, den Kandidaten lächerlich zu machen. Ihr Motiv ist es einzig und allein, den Kandidaten besser kennenzulernen. Dass Sie ihn dabei etwas aus der Reserve locken, ist in Ordnung, aber eine übertriebene Provokation im Gespräch wirft ein schlechtes

Licht auf Ihre Unternehmenskultur, und dies ist nicht zielführend. Schließlich könnte der Bewerber den schlechten Eindruck weitergeben und damit abschrecken. Vergessen Sie also auch im Vorstellungsgespräch nie Ihr Employer Branding!

30 *Durch das optische Erscheinungsbild und die Körperhaltung bekommen Sie im persönlichen Kontakt einen wichtigen ersten Eindruck. Studieren Sie den Lebenslauf und finden Sie durch geschickt gestellte Fragen heraus, was für einen Menschen Sie vor sich haben.*

5.4 Die zwölf besten Bewerberfragen

Im Bewerbungsgespräch werden in der Regel viele Fragen gestellt. Zu Beginn eines Gesprächs lasse ich den Bewerber aber zunächst seinen Lebenslauf mit seinen eigenen Worten schildern. Auch das hilft mir bei meinem ersten Eindruck. Anschließend hinterfrage ich einzelne Stationen, die meines Erachtens vielleicht nicht stimmig sind oder die mir relevant erscheinen.

Ziele der Fragen

Die Ziele der Fragen können wie folgt definiert werden:

- Ich möchte einen Blick hinter die Fassade des Bewerbers werfen.

- Ich möchte wissen, ob der Bewerber intrinsisch motiviert ist oder ob er vielmehr ständig Impulse von außen braucht, um seine Tätigkeit erfolgreich auszufüllen.

Welche Fragen sollte ich stellen?

Die folgenden zwölf Fragen können Ihnen dabei helfen, Ihre vorstellig gewordenen Kandidaten besser kennenzulernen.

Frage 1: Wie haben Sie sich auf dieses Gespräch vorbereitet?
Sie erfahren, wie wichtig dem Kandidaten die Stelle ist und wie er Herausforderungen wie zum Beispiel wichtige Gespräche angeht.

Frage 2: Was war Ihr bisher größter beruflicher Erfolg?
Sie erfahren etwas über die Stärken des Bewerbers und seine persönlichen Schwerpunkte.

Frage 3: Wenn ich Ihren besten Freund/Ihre beste Freundin nach Ihren drei größten Stärken und Schwächen fragen würde, was würde er/sie berichten?
Sie erfahren etwas über die Stärken des Bewerbers und erhalten auch eine ehrliche Auskunft über seine Schwächen.

Frage 4: Welche Bücher haben Sie zum Thema XY gelesen?
Dabei geht es zum Beispiel um Bücher zu dem Thema, über das gesprochen wird, oder solche, die für Ihre Branche oder Ihr Unternehmen relevant sind. Sie erfahren auf diese Weise, ob der Bewerber sich tatsächlich mit den relevanten Themen befasst und dies nicht bloß behauptet.

Frage 5: Was erwarten Sie von einem Unternehmen, in das Sie Ihr Herzblut und Ihre Zeit investieren?
Sie erfahren, was dem Bewerber wichtig ist, und können besser einschätzen, ob er in Ihr Unternehmen passen würde.

Frage 6: Warum sollten wir uns für Sie entscheiden?
Sie erfahren, was aus Sicht des Bewerbers für die Stelle besonders wichtig ist, und können dies mit den tatsächlichen Anforderungen abgleichen.

Frage 7: Was war Ihr bisher größter vertrieblicher Erfolg?
Hier geht es speziell um die Stärken des Kandidaten im Vertrieb. Diese Frage ist relevant, falls entsprechende Kompetenzen für die Stelle wichtig sind.

Frage 8: Wo wollen Sie in zwei/drei/vier/zehn Jahren beruflich stehen?
Sie erfahren, wie sich der Kandidat entwickeln möchte, ob er konkrete Vorstellungen von seiner Zukunft hat und ob er sich ehrgeizige Ziele setzt.

Frage 9: Wie gehen Sie mit unerwarteten Schwierigkeiten um?
Sie erfahren, inwiefern der Kandidat sein eigenes Verhalten reflektiert und ob er konkrete Strategien hat, um schwierigen Situationen zu begegnen.

Frage 10: Wie stellen Sie sich Ihren Arbeitsalltag bei uns vor?
Sie erfahren, wie der Kandidat seinen Arbeitsalltag gestaltet und welche Erwartungen er an die Tätigkeit bei Ihnen hat, und können dies mit den tatsächlichen Anforderungen abgleichen.

Frage 11: Was würden Sie tun, wenn Sie *nicht* im Bereich XY tätig wären?
Sie erfahren, welche weiteren Interessen und Talente der Kandidat hat, die er möglicherweise bei Ihnen einbringen könnte.

Frage 12: Und welche Fragen haben Sie an mich?
Sie erfahren, ob sich der Kandidat bereits Gedanken über die Stelle und Ihr Unternehmen gemacht hat und was ihm besonders wichtig ist.

Wenn Sie die richtigen Fragen im Bewerbungsgespräch stellen, finden Sie heraus, ob ein Bewerber motiviert ist und ob er zu Ihrem Unternehmen passt.

30

5.5 Das Begeisterungsgespräch

Sobald Sie sich sicher sind, dass der Bewerber zu Ihnen passt, gehen Sie vom Fragemodus in das Begeisterungsgespräch über.
Warum das wichtig ist, beantwortet das erste Kapitel dieses Buches, in dem es um die Veränderungen durch den demografischen Wandel geht. In Zeiten, in denen sich wirklich gute Mitarbeiter zwischen mehreren Jobs entscheiden können, müssen Sie sich und Ihr Unternehmen ebenso gut verkaufen, wie sich der Bewerber auf der anderen Seite Ihnen verkaufen möchte.
Das Begeisterungsgespräch ist daher unerlässlich für den Fall, dass Ihnen ein Bewerber zusagt.

Was erwartet den Mitarbeiter?

In diesem Gespräch zeigen Sie dem Kandidaten, wie seine Ziele, Werte und Motivationen zu der besprochenen Position passen und warum er sich im Unternehmen wohlfühlen wird. Sie gehen auf die Vorzüge des Unternehmens als Arbeitgeber ein und lassen ihn wissen, was er in den kommenden Jahren erwarten kann. Dabei kann es um Aufstiegschancen, um Gehaltsentwicklungen oder um Unternehmensziele gehen, die Sie gemeinsam mit den Mitarbeitern erreichen wollen.

Langfristig begeistern
Wenn Sie den passenden Kandidaten gefunden haben, gehen Sie einen Schritt weiter. Denn jetzt geht es darum, Ihren Wunschmitarbeiter sehr schnell ans Unternehmen zu binden. Und eine einfache Unterschrift unter dem Vertrag reicht dafür in der Regel nicht aus!

30 ***Hat Ihnen der Recruiting-Mix zu einer Vielzahl an Bewerbern verholfen, gilt es, eine Auswahl für das Bewerbungsgespräch zu treffen. Hier ist zunächst einmal der telefonische Kontakt das Mittel der Wahl, da er nicht sehr zeitaufwendig ist und dafür sorgt, dass man einen ersten Eindruck erhält.***
Beim Vorstellungsgespräch achten Sie dann vor allem auf die äußerliche Erscheinung, was auch die Körperhaltung mit einschließt, und stellen geschickte Fragen, um mehr über den Kandidaten herauszufinden.
Ist der Wunschmitarbeiter ausgemacht, gilt es, Begeisterung für das Unternehmen zu wecken. Schließlich müssen Sie immer im Hinterkopf behalten, dass Ihr Unternehmen nicht das einzige ist, das nach Top-Mitarbeitern sucht.

Fast Reader

1. Was sich geändert hat

Gute Leute zu gewinnen ist eine der Kernaufgaben von Unternehmen. Doch das Recruiting der richtigen Mitarbeiter wird immer schwieriger. Denn die demografische Entwicklung schreitet weiter voran und zieht einen Fachkräftemangel nach sich. Die Zeiten, in denen man eine Anzeige bei StepStone, Monster & Co. geschaltet und daraufhin eine Flut guter Bewerbungen erhalten hat, sind daher lange vorbei. Das früher noch erfolgreiche Prinzip „Post and pray" reicht heute nicht mehr aus, um die Talente zu erreichen.
Und es wird noch schlimmer werden. Die Lage am Arbeitsmarkt wird sich auf dramatische Weise verändern. Auf viele vakante Stellen kommen nur wenige Fachkräfte, die man nur durch eine umsichtige Recruiting-Strategie gewinnen kann.

30

Was man beim modernen Recruiting voraussetzen muss:

- ***Die Generationen Y und Z fordern eine andere Ansprache als frühere Generationen.***
- ***Die Digitalisierung verändert die Arbeitswelt insgesamt und das Recruiting im Besonderen.***
- ***Neue Kommunikationskanäle sind gefragt: Social Media und Co. spielen im Recruiting zunehmend eine wichtige Rolle.***
- ***In Zeiten der Digitalisierung ist auch Weiterbildung sowohl für Arbeitnehmer als auch für Arbeitgeber äußerst wichtig.***

2. Die richtigen Mitarbeiter rekrutieren

Wenn es mehr Jobs als Top-Kandidaten gibt, müssen Sie als Recruiter den Job auch verkaufen können. Wichtig ist es zunächst, möglichst viele Kandidaten zu finden und einzuladen. Dabei hilft auch das positive Employer Branding. Schließlich hat die Marke als Arbeitgeber großen Einfluss auf die Entscheidung der Kandidaten für oder gegen ein Unternehmen.

30

Wer heute und in Zukunft erfolgreich Mitarbeiter rekrutieren will, muss mitunter umdenken, aktiv werden und neue Wege gehen:

- ***Anzeige schalten und abwarten reicht heute nicht mehr. Eine aktive Ansprache kann hingegen zum Erfolg führen.***
- ***Das erfolgreiche Recruiting basiert auf ähnlichen Strategien wie erfolgreiches Verkaufen.***
- ***Nur wer eine stimmige Arbeitgebermarke entwickelt, bei der Selbst- und Fremdbild zusammenpassen, kann einen Sog erzeugen, der gute Bewerber anzieht.***

3. Die fünf erfolgreichsten Recruiting-Instrumente

Doch welche konkreten Maßnahmen sorgen nun dafür, dass sich die Top-Leute da draußen gerade für Ihr Unternehmen entscheiden?
Im schlimmsten Fall wissen diese Arbeitskräfte nicht einmal, dass es Ihr Unternehmen überhaupt gibt. Das können Sie ändern durch einen Recruiting-Mix, der verschiedene Erfolg versprechende Instrumente kombiniert.

Dabei sind es vor allem fünf Instrumente, die Unternehmen zum Recruiting-Erfolg führen:
- ***Vertrauen Sie auf Mitarbeiterempfehlungen. Denn gute Mitarbeiter kennen in der Regel auch gute Leute.***

- ***Setzen Sie auf Active Sourcing, also die Direktansprache.***
- ***Eine gut aufgebaute Karriere-Seite auf der Unternehmenswebsite unterstützt das Recruiting.***
- ***Nutzen Sie Social Media als Rekrutierungskanal.***
- ***Ein gut gepflegter Talent-Pool kann helfen, fähige Fachkräfte für die Zukunft zu finden.***

4. Recruiting-Instrumente wirksam umsetzen

Recruiting braucht Zeit und Kontinuität. Unternehmen müssen am Ball bleiben. Sie müssen Recruiting als Verkauf verstehen und die Instrumente zu einem ganzheitlichen System zusammenfügen, das kontinuierlich bedient werden muss. Wenn Ihnen das gelingt, dann sind Sie im Kampf um die Talente vorne dabei. Vor allem aber können Sie dann schnell reagieren, wenn es zu einem Personalengpass kommt, vielleicht durch Krankheit, Elternzeit etc.

30 ***Um die Kontinuität zu unterstützen, helfen Ihnen folgende Maßnahmen:***

- ***Entwickeln Sie eine gewisse Routine.***
- ***Überprüfen Sie regelmäßig Ihre Karriere-Seite.***
- ***Bewegen Sie sich täglich auf gängigen Plattformen wie Xing oder Facebook.***
- ***Stecken Sie sich selbst Aktivitäten-Ziele.***

5. Bewerber auswählen und qualifizieren

Haben Sie durch die erfolgreiche Anwendung des Recruiting-Mix eine Vielzahl an Bewerbungen erhalten, beginnt die nächste Phase. Nun gilt es, eine Vorauswahl für das Bewerbungsgespräch zu treffen. Hierfür eignet sich der telefonische Kontakt, da Sie so schnell einen ersten Eindruck erhalten.
Kommt es zum Vorstellungsgespräch, achten Sie vor allem auf die äußerliche Erscheinung, was auch die Körperhaltung mit einschließt, und stellen Sie geschickte Fragen, um mehr über den Kandidaten herauszufinden.

Mögliche Fragen, die Ihnen Aufschluss geben können, lauten wie folgt:

- ***„Was erwarten Sie von einem Unternehmen, in das Sie Ihr Herzblut und Ihre Zeit investieren?"***
- ***„Warum sollten wir uns für Sie entscheiden?"***
- ***„Was war Ihr bisher größter beruflicher Erfolg?"***
- ***„Wo wollen Sie in zwei, drei, vier, zehn Jahren beruflich stehen?"***
- ***„Wie gehen Sie mit unerwarteten Schwierigkeiten um?"***

Sobald Sie einen Wunschmitarbeiter ausgemacht haben, gilt es, zum Begeisterungsgespräch überzugehen, um ihn für Ihr Unternehmen zu gewinnen.

30

Der Autor

André May ist Redner und Trainer für Leistungssteigerung und Recruiting im Vertrieb. Der gelernte Bankkaufmann machte sich bereits als 20-Jähriger in der Finanzdienstleistung selbstständig und arbeitete sich bis in die Führungsetage einer der führenden deutschen Privatbanken empor. Zu seinen beruflichen Stationen gehören namhafte Unternehmen wie Deutsche Bank Privat und Geschäftskunden AG und Postbank Finanzberatung AG. Heute ist André May selbst Unternehmer und gehört als zertifizierter Trainer sowie Professional Speaker GSA (SHB) zu den renommiertesten Speakern im Bereich Vertrieb. Als Recruiting-Experte zeigt er Führungskräften, Personalern und Geschäftsführern einen roten Faden für die erfolgreiche Gewinnung, gezielte Auswahl und langfristige Bindung der besten Talente im Unternehmen. 2017 hat er das Buch „Verkäufer-Recruiting. Wie Sie mit dem 360-Grad-Recruiting-System die besten Verkäufer finden“ herausgebracht.

Kontakt:
André May
Kantorie 17a
45134 Essen

Weiterführende Literatur

- Dannhäuser, Ralph (Hg.): Praxishandbuch Social Media Recruiting. Experten Know-How / Praxistipps / Rechtshinweise. 3. Aufl. Wiesbaden 2018.

- May, André: Verkäufer Recruiting. Wie Sie mit dem 360-Grad-Recruiting-System die besten Verkäufer finden. Essen 2017.

- Welch, Jack; Welch, Suzy: Winning. Das ist Management. 2. Aufl. Frankfurt a. M. 2014.

Register